基礎×應用

手作超唯美の
梭編蕾絲花樣飾品

BOUTIQUE-SHA◎授權

本書作品的線材使用 Olympus 製絲株式會社的梭編蕾絲線，梭子
等工具則使用 Clover 株式會社所屬製品。線材的相關諮詢，請洽
詢下列的 Olympus 製絲株式會社；工具的相關諮詢，則請洽詢
Clover 株式會社。

Olympus 製絲株式會社 　　　愛知縣名古屋市東區主稅町 4-92
　　　　　　　　　　　　　　http://www.olympus-thread.com

Clover 株式會社 　　　　　　大阪市東成區中道 3-15-5
　　　　　　　　　　　　　　http://www.clover.co.jp

攝影協力

malto　　　www.salhouse.com
AWABEES
UTUWA

staff
編輯／矢口佳那子　高橋沙繪
作法校閱／北原さやか
攝影／白井由香里（情境）　腰塚良彥（步驟）
流程攝影協力／杉本ちこ
書籍設計／牧陽子

利用打結的方式編織的梭子蕾絲，

是僅需少許的材料&工具，

就能隨時隨地享受樂趣的超人氣手工藝。

本書將以詳細的步驟圖搭配淺顯易懂的解說，

帶領你輕鬆作出各式魅力十足的蕾絲。

由衷推薦給正躍躍欲試或已樂在其中的你——

這本滿懷著悸動所完成的一書。

※tatting lace正式名稱為「梭子蕾絲編織」，
「梭編蕾絲」為通用簡稱

contents

作品 *index*

開始編織前的準備

P.30　　工具

P.31　　線材

P.32　　基本用語

P.33　　梭編圖的記號說明

梭編蕾絲的基礎技法

P.34　　梭子的捲線方式

P.35　　梭子的拿法

P.35　　環的編織

P.41　　架橋的編織

P.43　　耳的編織

P.43　　作品的正面&背面

P.46　　接耳

P.55,71　梭線接耳

其他技法

P.82　　2次翻摺接耳

P.83　　梭編結

P.84　　線頭的處理方法

P.84　　完成作品的最後處理

P.84　　拆線修正的要領

P.86　　編結中途的接線要領

P.86　　編織與架橋弧度同方向的環

── P.4,5 ──

立體花朵耳環・頸鍊・胸針

── P.10,11 ──

葉片項鍊

── P.16 ──　　── P.17 ──

蝴蝶連鏡小粉盒　　維多利亞花園的
&朝鮮薊耳環　　　　　頸鍊

── P.22,23 ──　　── P.24 ──

蔓性玫瑰項鍊&胸針　　菱形胸針・耳環
　　　　　　　　　　　　　　項鍊

— P.6 —

花環項鍊

— P.7 —

搖曳的花朵耳環

— P.8 —

迷你玫瑰墜飾＆耳環

— P.9 —

包釦髮圈

— P.12 —

捲玫瑰項鍊
戒指・耳環

— P.13 —

捲玫瑰髮夾＆胸針

— P.14 —

雪花項鍊＆迷你裝飾墊

— P.15 —
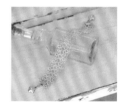
綴滿裝飾耳的手環

— P.18 —

香菫菜頸鍊
＆耳環

— P.19 —

葉子手鍊＆蝴蝶結胸針

— P.20,21 —

大理花項鍊・胸針・耳環

— P.25 —

緣飾花邊手帕

— P.26,27 —
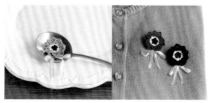
銀蓮花胸針

— P.28,29 —

迷你洋裝吊飾
＆胸針

3

立體花朵
耳環・頸鍊・胸針

僅以環編技法製作花形的作法，
就能造型出極具立體感的效果。
完成的尺寸會隨線材粗細而改變，
因而得以延伸出變化萬千的作品。
自p.46起，將以步驟圖進行詳細解說。

可一朵接續一朵垂墜而下，帶有簡約風格的耳環。

作品2的頸鍊&作品3的耳環，
皆以C圈連接花片，並可從中享受配色的樂趣。

3

點綴上許多花片，
形成了宛如花田般的胸針。

作法 ● P.44
設計 ● 杉本ちこ
線材 ● 1 梭編蕾絲線＜金蔥＞
2 梭編蕾絲線＜粗＞
3 梭編蕾絲線＜中＞
4 梭編蕾絲線＜細＞
梭編蕾絲線＜中＞

4

5

花環項鍊

作法 P.52
設計 盛本知子
線材 梭編蕾絲線<粗>

猶如花環般排列的可愛花朵項鍊。
先製作兩種花片,再以C圈連接即可,
作法非常簡單唷!

搖曳的花朵耳環

扭轉的藤蔓上綻放著花朵，
搖曳生姿的美麗耳環。
可將單色與漸層加以組合搭配。

作法 P.51
設計 盛本知子
線材 梭編蕾絲線＜中＞

橢圓形托盤／malto

迷你玫瑰墜飾&耳環

作品8是於墜飾的底座上，
黏貼上一朵迷你玫瑰的花片。
作品9的耳環則是左右對稱編結後，
再顛倒掛接完成作品。

作法 P.54
設計 sumie
線材 8 梭編蕾絲線＜中＞
9 梭編蕾絲線＜細＞

10

11

烤布蕾迷你托盤／malto

包鈕髮圈

以大耳編織圍繞一圈的花片
＆藉由杏仁造型的設計帶出清新的印象，
再以巧思製作成包鈕髮圈，就成了整理頭髮的最佳飾物。

作法 ● P.57
設計 ● sumie
線材 ● 梭編蕾絲線＜中＞

葉片項鍊

鑲滿了小小葉片的項鍊，
有著許多直接保留原線材的奢華設計。
以雙層編織製成手環，
或作成小尺寸的項鍊都很漂亮。

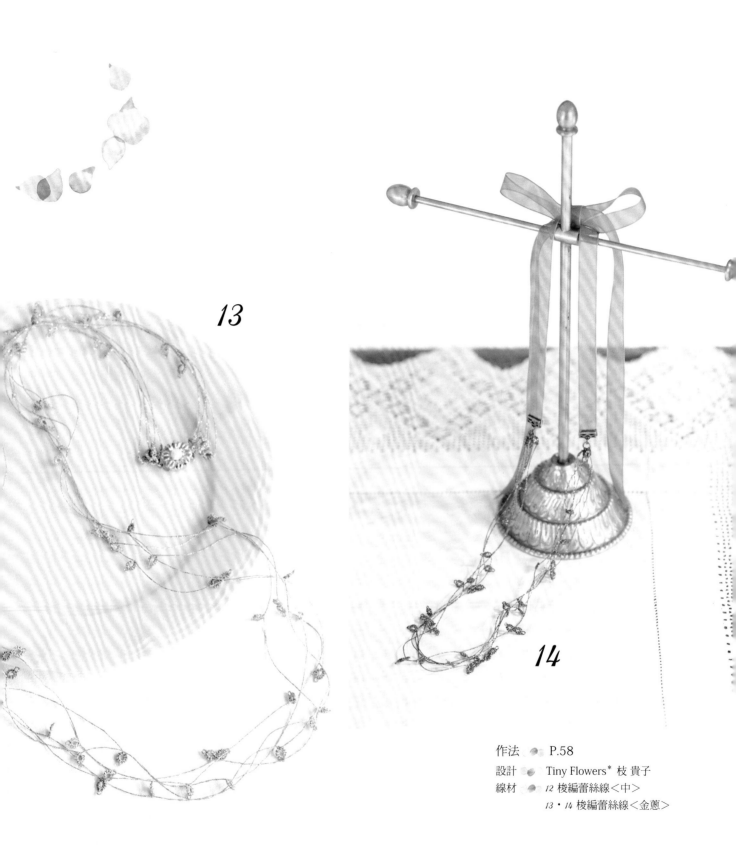

13

14

作法 　 P.58
設計 　 Tiny Flowers* 枝 貴子
線材 　 *12* 梭編蕾絲線＜中＞
　　　 13・14 梭編蕾絲線＜金蔥＞

捲玫瑰項鍊
戒指・耳環

編結成織帶狀之後，再一圈圈地捲繞組合，
並於中心點綴上珍珠的捲玫瑰造型設計。
不論是成套搭配或單獨配戴都極易穿搭。

16

17

15

作法 ● P.60
設計 ● Tiny Flowers* 枝 貴子
線材 ● 梭編蕾絲線＜金蔥＞
梭編蕾絲線＜中＞

捲玫瑰髮夾&胸針

只要以粗蕾絲線編結與作品15至17
相同的花片,
就能營造出極具存在感的作品。
作品18是並排&裝飾於髮夾上,
作品19 · 20則是製作成胸針。

作法 ● P.60
設計 ● Tiny Flowers* 枝 貴子
線材 ● 梭編蕾絲線<粗>·梭編蕾絲線<金蔥>

橢圓形相框／malto

13

雪花項鍊&
迷你裝飾墊

宛如雪花般美麗的圖案。

作品21以能凸顯纖細感的白色線材編結而成。

作品22則以金色的金蔥線材營造出華麗的氛圍。

21

22

半身模特兒飾品架／malto

作法　P.62

設計　盛本知子

線材　*21* 梭編蕾絲線＜細＞

　　　22 梭編蕾絲線＜金蔥＞

23

作法 ── P.63
設計 ── 盛本知子
線材 ── 梭編蕾絲線＜金蔥＞

以金蔥線的藍·銀配色，傳遞出清涼氣息的手環。
並於兩側綴滿了大量的裝飾耳，賦予華美的風格。

蝴蝶連鏡小粉盒&朝鮮薊耳環

24

25

黏貼於粉盒盒蓋上，甜美迷人的蝴蝶圖案花片，

及富有分量感的可愛朝鮮薊耳環。

兩件作品的祕訣皆在於裝飾耳的運用。

作法 ●● 24→P.66　　25→P.64

設計 ●● 杉本ちこ

線材 ●● 24 梭編蕾絲線＜細＞

　　　　25 梭編蕾絲線＜中＞・梭編蕾絲線＜金蔥＞

維多利亞花園的頸鍊

26

27

花樣華麗的設計令人倍感時尚。

靈活運用本身的外形，

於花片間穿入皮繩或線繩，即可製成頸鍊。

作法 ● P.68
設計 ● 杉本ちこ
線材 ● 26 梭編蕾絲線＜粗＞
　　　 27 梭編蕾絲線＜中＞

作法 P.70

設計 sumie

線材 28 梭編蕾絲線<中>

　　　29 梭編蕾絲線<金蔥>

　　　30 梭編蕾絲線<粗>

28

29

30

香菫菜頸鍊&耳環

復古風格的香菫菜花片更顯高雅脫俗。

作品29的耳環是以青銅色的蕾絲線編織而成，

作品28・30則以作品29的花片花樣為基礎再添加上緣邊，

而約瑟芬結則是使此設計呈現自然愜意氛圍的關鍵。

葉子手鍊&蝴蝶結胸針

以梭子編結出可愛的葉子花樣的織帶單品。

可以一邊編織手鍊，

一邊調整成自己喜愛的長度。

胸針則是以梭子編結出織帶後，進行造型&固定，

作成蝴蝶結。

31

32

33

作法 ○○ P.69

設計 ○○ sumie

線材 ○○ 31 梭編蕾絲線＜金蔥＞

32 梭編蕾絲線＜細＞

33 梭編蕾絲線＜中＞

植物園系列 盒子（Botanical box）／malto

34

黃銅製品 托盤／malto

大理花項鍊‧胸針‧耳環

作法 ● P.72
設計 ● Tiny Flowers* 枝 貴子
線材 ● 34・36 梭編蕾絲線＜細＞
　　　 35 梭編蕾絲線＜中＞

36

35

以帶有許多花瓣的美麗大理花般的花片為主題。

作品 34 的項鍊與作品 36 的耳環是與小花片組合而成。

作品 35 的包釦胸針則是以珍珠進行裝飾。

21

蔓性玫瑰項鍊
&胸針

花瓣立體重疊的美麗蔓性玫瑰花片。
由於具有醒目的存在感，
因此極適合作為搭配時的重點元素。

37

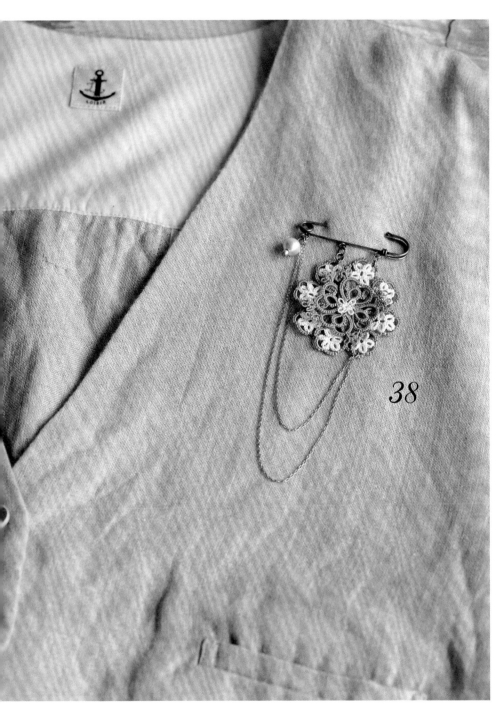

38

作法　　P.74
設計　　杉本ちこ
線材　　*37* 梭編蕾絲線＜金蔥＞
　　　　　梭編蕾絲線＜中＞
　　　　38 梭編蕾絲線＜中＞

帶有洗練成熟氛圍的菱形花片。

可在上方添加蝴蝶結，或於中心處串接珍珠，

輕鬆地作出各種搭配。

39

40

41

菱形胸針・耳環・項鍊

作法 P.76

設計 Tiny Flowers* 枝 貴子

線材 梭編蕾絲線＜細＞

緣飾花邊手帕

令人捨不得放在包包裡，充滿少女情懷的手帕，
是於專用的網目手帕邊緣，編滿小花緣飾製作而成。

42

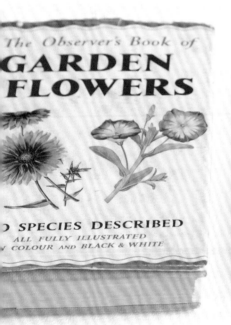

作法 P.77
設計 Olympus設計室
線材 梭編蕾絲線＜中＞

銀蓮花胸針

43

出色奪目且富有時尚感的銀蓮花胸針。
雙層重疊的花瓣
運用了長耳的裝飾技巧作出輕盈感。

作法 P.78
設計 sumie
線材 43 梭編蕾絲線＜細＞
　　　44・45 梭編蕾絲線＜中＞

44

45

46

47

48

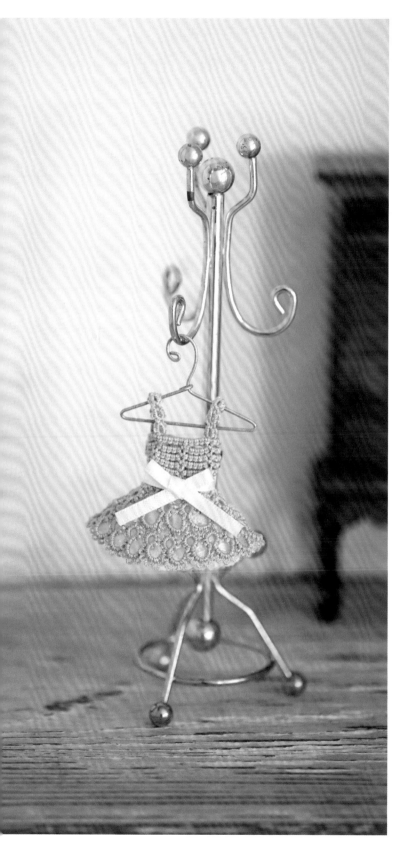

迷你洋裝吊飾
&胸針

可愛感滿點的洋裝！
在裙擺間加上隱約可見的襯裙更顯甜美。
除了可作成吊飾或胸針之外，
以微型飾品的感覺作為展示也很棒喔！

作法 ● P.80
設計 ● Tiny Flowers* 枝 貴子
線材 ● 梭編蕾絲線＜中＞

開始編織前的準備

請備齊必要的工具&線材，並在此確實熟悉專用語&梭編圖。

〔 梭編工具 〕

梭編用梭子
小船般造型的纏線工具。
前端有尖角的梭子方便鈎線及拆線。
另外也有可捲繞大量線材的大號梭子。

工具提供　Clover株式會社

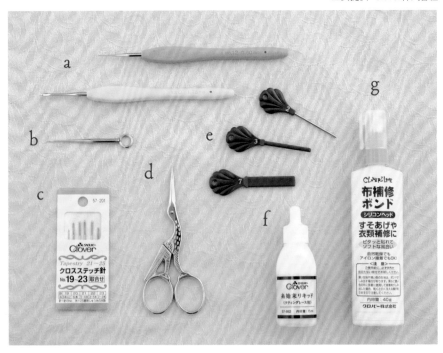

a・b 蕾絲鈎針
鈎出織細處的蕾絲線時使用。
請配合線的粗細來挑選鈎針的
號數。b為進行梭編蕾絲時，
方便好用的短鈎針。

c 十字繡針
作品完工時或線端收尾時使
用。由於針頭較圓，因此適用
於細線。

d 線剪
剪線時使用。建議挑選刀刃前
端逐漸收尖，鋒利好剪的手藝
用剪會較為方便。

e 梭編蕾絲飾環量規
編織長耳時，或想要統一
耳的長短時使用。（使用
方法參照P.87）

f 線端防綻液
線端收尾時使用。可用來固
定線端打結處，即便在結目
邊緣剪線，也不易鬆脫綻
線。

g 手藝用白膠
處理線端時使用。建議
挑選擠出口較窄&乾燥
後呈透明狀的白膠，較
方便好用。

〔線材〕

蕾絲線

本書使用Olympus梭編蕾絲＜粗＞・＜中＞・＜細＞・＜金蔥＞等四種
蕾絲線。

各作品作法頁標示的線材使用量，會因編織者的手感鬆緊程度產生個人
差異，因此僅供參考。

建議準備比標示用量更多的線材。

即使製作相同的花片，依使用的蕾絲線粗細差異，成品的大小或印象也會有所改變。

※圖示中的花片大小幾乎
為原寸大。

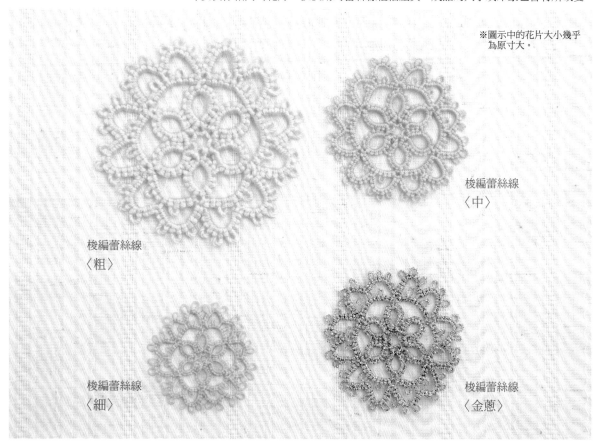

梭編蕾絲線
〈粗〉

梭編蕾絲線
〈中〉

梭編蕾絲線
〈細〉

梭編蕾絲線
〈金蔥〉

〔 基本用語 〕

基本的結目　梭編蕾絲係以所謂的「Double Stitch」的1個基本結目，連續穿梭編織成各式各樣的漂亮圖樣。

* 表裡結（Double Stitch）

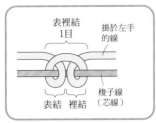

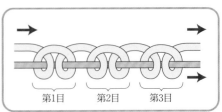

取一條為芯線，另一條線則依「表結」、「裡結」的順序，於芯線上穿梭打結，完成基本的1目表裡結，即為Double Stitch。此1組結算作1目。

重複編織3次表裡結後，完成3目的模樣。目與目之間不留間隔，連續編織結目。

環・架橋・耳　藉由「環」・「架橋」・「耳」組合連結，即可編織出千變萬化的花樣。

* 環

將1條梭子線掛於左手上，編織結目。最後再透過拉線的動作，構成環狀圖形。

* 架橋

以梭子線＆掛於左手上的2條線，編織結目。完成並排於直線上的結目時，將自然地形成弧度。

* 耳

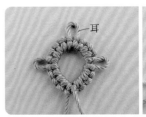

於表裡結的目與目之間編織的吊耳狀裝飾。除了作為裝飾之外，還有連接環或架橋的功用。依據設計的不同，亦可加長、縮小，或改變大小來編織。

其他用語　在此將編織作品時使用的其他用語加以統整，並於各標示頁中進行詳細解說。

* 中心線	… P.35・P.41	* 翻轉	… P.41	* 旗結	… P.86
* 梭結的轉移	… P.37・P.39	* 渡線	… P.59	* 草莖結（Node Stitch）	… P.87
* 環的基本姿勢	… P.35	* 假耳	… P.65	* 長耳	… P.87
* 架橋的基本姿勢	… P.41	* 約瑟芬結	… P.71	* 分裂環	… P.88

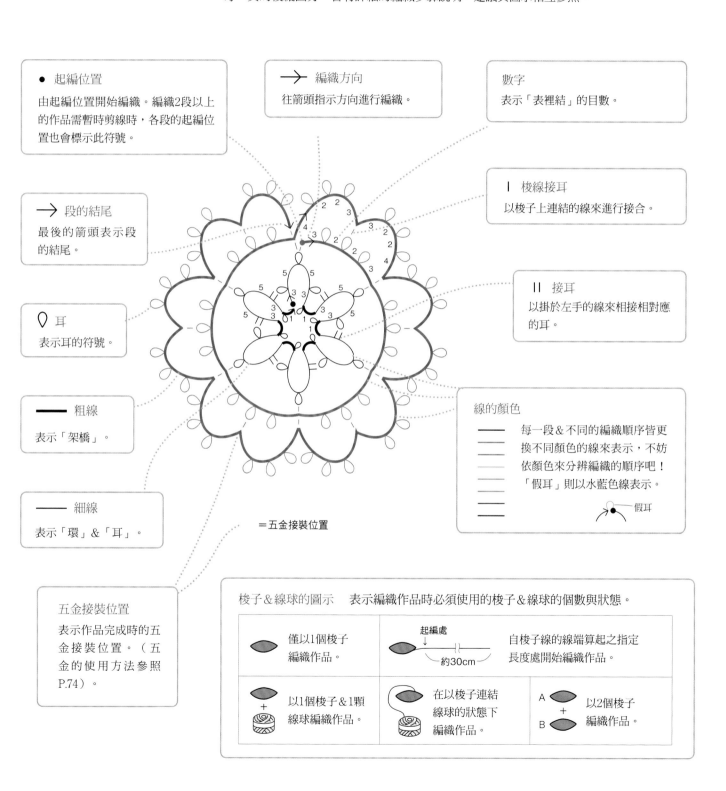

{ 梭編圖的記號說明 } 本書作品皆以簡潔呈現的各梭編圖示來指示作品的編織作法＆技巧。
以下將解說此梭編圖的解讀方法。
每一頁的梭編圖旁，皆有詳細的編織步驟說明，建議與圖示相互參照。

● 起編位置
由起編位置開始編織。編織2段以上的作品需暫時剪線時，各段的起編位置也會標示此符號。

→ 編織方向
往箭頭指示方向進行編織。

數字
表示「表裡結」的目數。

→ 段的結尾
最後的箭頭表示段的結尾。

Ⅰ 梭線接耳
以梭子上連結的線來進行接合。

Ⅱ 接耳
以掛於左手的線來相接相對應的耳。

♡ 耳
表示耳的符號。

── 粗線
表示「架橋」。

線的顏色
── 每一段＆不同的編織順序皆更
── 換不同顏色的線來表示，不妨
── 依顏色來分辨編織的順序吧！
── 「假耳」則以水藍色線表示。
── ↗● 假耳

── 細線
表示「環」＆「耳」。

＝五金接裝位置

五金接裝位置
表示作品完成時的五金接裝位置。（五金的使用方法參照P.74）。

梭子＆線球的圖示　表示編織作品時必須使用的梭子＆線球的個數與狀態。

⬭ 僅以1個梭子編織作品。	起編處↓ ～～約30cm～～ 自梭子線的線端算起之指定長度處開始編織作品。	
⬭＋🧶 以1個梭子＆1顆線球編織作品。	⬭🧶 在以梭子連結線球的狀態下編織作品。	A⬭＋B⬭ 以2個梭子編織作品。

梭編蕾絲的基礎技法

〔 於梭子上捲線 〕

1 梭子的尖角轉向面前拿在左手上，自右側將線端穿入梭子中心的洞孔中。再依箭頭所示，將線端繞回右側。

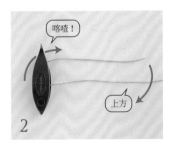

2 將線端由上方開口的空隙間穿過梭子，再自線球線的上方，朝下垂放。

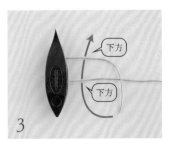

3 依箭頭所示，穿過2條線的下方。

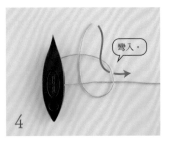

4 依箭頭所示，再次由上方穿入線圈內。

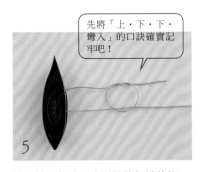

5 使線端側的線形成鬆散的打結狀態。

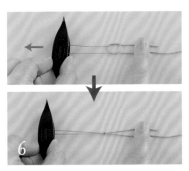

6 以手指確實按住平行排列的2條線，並往箭頭方向拉動梭子，束緊結目。

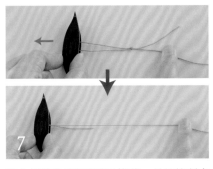

7 這次僅按住線球側的1條線，並往箭頭方向拉動梭子，將結目拉進梭子內，予以固定。

8 直立梭子，尖角轉向左側拿在左手上，再依箭頭方向捲線，連同線端一併捲進去。

9 往同一方向捲線時，線會發生扭曲打結的情況，因此中途可將梭子的尖角轉向右側拿在手上，並依箭頭所示，反方向捲線。交替重複步驟8．9。

— POINT —

捲線時請避免捲至超出梭子外側的程度。線一旦捲得太多，也是導致外露線材污損，或使梭子開口繃開的原因。

〔 梭子的拿法 〕

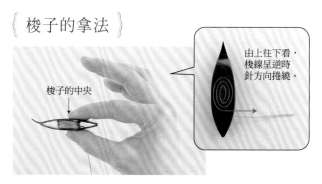

由上往下看，梭線呈逆時針方向捲繞。

將梭子的尖角面朝上，捲繞的線端則往另一側拉出，並以右手的大拇指＆食指拿著梭子中央的稍後側（尖角側的相反側）。

— POINT —

× 梭子的中央

×

如果手持處是在梭子中央的更前側（尖角側），將不易編織結目。

一旦梭子的方向歪斜，就無法編織結目。由上往下看時，梭子的尖角與食指最好是朝同一方向拿著。

〔 環的編織 〕

於左手上掛線

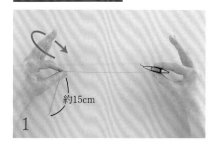

約15cm

1

距離捲繞於梭子上的線端約15cm處，以左手大拇指＆食指捏住後，移動右手，依箭頭所示將線掛於左手其餘的3指上。

2

將已繞了一圈的線，以左手大拇指＆食指捏住。

3

捏住線，使掛於左手的線形成了線圈。左手的小指則稍微放低。

中心線

4

使線圈形成三角形。渡於中指＆食指之間的線稱為「中心線」，將在此線上逐一編織結目。

— POINT! —

×

一旦將小指收回原處，線圈就會縮小，而難以編織結目；因此請穩定保持三角形的圈狀。

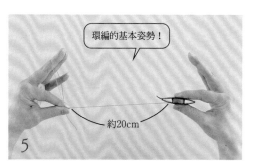

環編的基本姿勢！

約20cm

5

自左手捏合處至梭子之間的線長大約預留20cm。此即為環編的基本姿勢。

編織表裡結

表結

1 維持環編的基本姿勢。（參照P.35）

2 將右手的中指・無名指・小指罩在梭子線上，依箭頭所示，一邊滑過線的下方，一邊翻轉手腕。

3 將右手的中指・無名指・小指抬起，使梭子線掛於三指上。

中心線

4 將梭子鑽過中心線下方。此時，一邊使中心線貼放於梭子上面，一邊滑過梭子。

5 維持原狀不讓梭子離開手指，使中心線宛如滑入般地通過右手食指＆梭子之間。

6 梭子完全通過了中心線的下方。再改由通過中心線的上方，將梭子繞回原處。

— POINT —

中心線

〇

為了使梭子能夠順利地通過中心線上下方，右手請擺在正確的位置上。

中心線

✕

倘若右手比中心線還要過於靠向身體，或擺在歪斜的位置上，就無法編織結目。

環的編織　表裡結（表結）

中心線

7

將中心線貼放於梭子下方，右手不放開梭子，使線如滑入般地通過右手食指＆梭子之間。

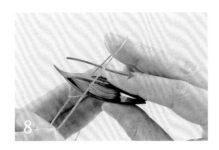

8

梭子完全通過中心線上方後，直接拉動右手。

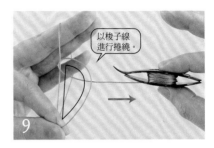

以梭子線進行捲繞。

9

取下掛於右手上的線，使梭子線捲繞於中心線上，形成「D字形」。

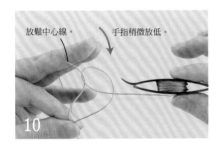

放鬆中心線。　手指稍微放低。

10

左手的中指・無名指稍微放低後，放鬆中心線。

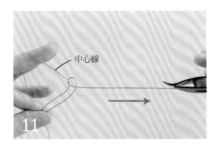

中心線

11

將中心線保持在放鬆的狀態下，直接拉動梭子線。

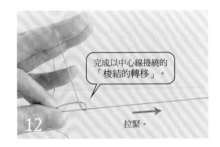

完成以中心線捲繞的「梭結的轉移」。

拉緊。

12

只要保持原狀地拉緊梭子線，中心線就會轉變成纏繞於梭子線上的狀態。此狀態稱為「梭結的轉移」。

此處形成「表結」。

13

將右手的中指・無名指・小指罩在梭子線上，保持梭子線拉緊的狀態，纏繞的中心線就會形成「表結」。

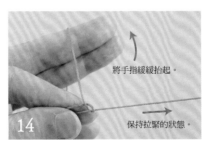

將手指緩緩抬起。

保持拉緊的狀態。

14

梭子線保持拉緊的狀態，慢慢抬起左手的中指・無名指後，只要輕輕拉緊中心線，表結就會往食指上方移動。

表結

15

表結編織完成。每編好一個結目，請隨時保持以大拇指＆食指按住的習慣。

環的編織　表裡結（表結）

37

裡結

1

以左手大拇指＆食指牢牢按住之前編好的表結。

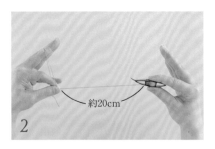

2

約20cm

按住表結，保持環編基本姿勢（P.35）的狀態。

3

中心線

右手不掛線，直接將梭子放置於中心線的上方。

4

依箭頭方向移動，使梭子滑過中心線的上方。

5

維持原狀不讓梭子離開手指，使中心線滑入般地通過右手食指＆梭子之間。

6

梭子完全通過中心線上方後，改以通過中心線下方的方式，將梭子繞回原處。

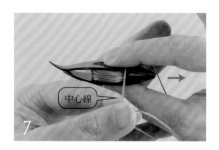

7

中心線

將中心線貼放於梭子上方，不讓梭子離開手指，使線滑入般地通過右手食指＆梭子之間。

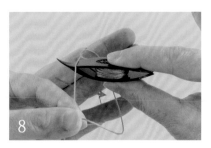

8

梭子通過中心線下方後，順勢拉動右手。

9

以梭子線進行捲繞。

梭子線捲繞於中心線上，形成「D字形」。

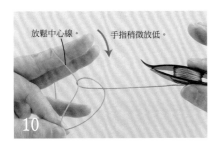

10

左手中指＆無名指稍微放低，放鬆中心線。

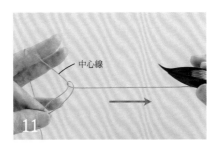

11

將中心線保持在放鬆的狀態下，直接拉動梭子線。

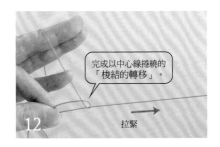

12

只要保持原狀地拉緊將梭子線，就會變成中心線捲繞於梭子線上的狀態，完成「梭結的轉移」。

13

將右手中指・無名指・小指罩在梭子線上，保持梭子線拉緊的狀態，中心線則形成捲繞於梭子線上的「裡結」。

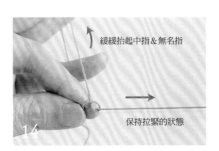

14

梭子線保持拉緊的狀態，慢慢抬起左手的中指＆無名指後，只要輕輕拉緊中心線，裡結就會移至表結旁。

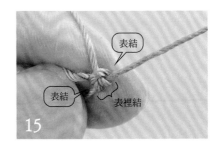

15

於表結旁完成裡結，1目「表裡結」編織完成。接續編織下一目時，請務必以左手按住已完成的結目。

16

重複交替編織表結＆裡結，連續編織4目表裡結。

- POINT -
※為使作法淺顯易懂，圖示中以不同顏色的色線進行編織。

○

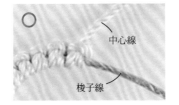

若「梭結的轉移」正確完成，就會形成中心線捲繞於梭子線上的狀態，表裡結即可整齊地橫向並排。

×

若「梭結的轉移」沒有正確完成，就會變成梭子線捲繞於中心線上的狀態，使環因此無法束緊。

環的編織　表裡結（裡結）

隨著編織數個結目後，掛於左手的線圈將逐漸變小。為了更方便作業，請隨時擴大線圈進行編織。

只要以右手將線圈掛於左手小指側的線往下拉動，線圈就會擴大。此時，必須一邊以左手按住環的起編結目，一邊拉線。

當線圈擴大到能放進左手的大小後，再將線圈掛回左手上，繼續編織。若將線圈拉得太大時，也可拉動梭子線來調整大小。

收緊環的線圈

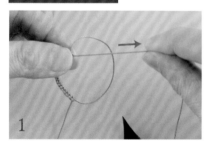
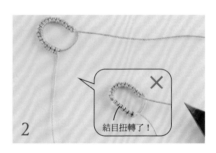

1 待編織好必要的目數後，以左手確實按住最後編好的結目，並拉動梭子線。

2 拉至中途的模樣。在完全收緊線圈之前，請確認結目並無扭轉的情形發生。

結目扭轉了！

3 再次一邊確實按住最後編好的結目，一邊往箭頭方向拉線束緊。

4 環完成！

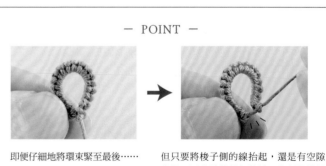

— POINT —

即便仔細地將環束緊至最後……

但只要將梭子側的線抬起，還是有空隙出現。因此請將最初的結目與最後的結目完全緊靠地來拉線束緊。

架橋的編織

於左手上掛線

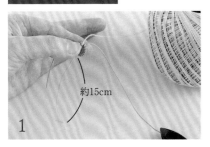

1 由環開始接續編織架橋時，將自線球側的線端算起約15cm處添放在已翻轉（參照下記）的環上，並以左手大拇指＆食指捏夾固定。

約15cm

2 抬起左手其餘三指，將連結於線球上的線由外側捲繞中指一圈。

3 再由內側捲繞於無名指上，並自中指＆無名指之間將線拉出。

4 一邊將線球側的線輕輕拉至面前，一邊將中指＆無名指完全併攏，以便夾住線予以固定。

5 掛於中指＆食指之間的渡線為「中心線」（P.35），進行編織時請勿放鬆此線。

中心線

確認指尖至第二關節之間無空隙出現。

6 自左手捏合處至梭子之間，預留約20cm的線，此即架橋的基本姿勢。

架橋的基本姿勢！

約20cm

翻轉

所謂的翻轉（reverse work）即為「翻面」。
環＆架橋都是一邊自然形成向上的弧度，一邊逐漸編織而成。
編織圖上遇見環或架橋的弧形方向呈現相反的情況時，不論是由環移至架橋或由架橋移至環，都必須將作品翻面，將之前向上編織而來的弧形翻轉至朝下的模樣，再繼續進行編織。
（區分正反面的方法，參照P.43。）

①環（正面） ③環（正面）
②架橋（背面） ④架橋（背面）

▶ 翻轉（翻面）位置

①（正面） ②（正面） ③（正面） ④（正面）
①（背面） ②（背面） ③（背面）

編織表裡結

表結

1
維持架橋的基本姿勢（參照P.41），
依環的相同方式，編織表結&裡結。

中心線

2
將梭子自中心線下方繞往上方。

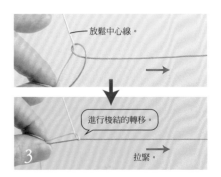

放鬆中心線。

進行梭結的轉移。

拉緊。

3
進行梭結的轉移（參照P.37）後，將表
結挪至左手大拇指&食指的邊緣。

架橋的編織　表裡結

裡結

表結

環

4
於環的邊緣完成架橋的表結後，以左手
大拇指&食指確實按住已完成的結目。

5
將梭子自中心線的上方繞往下方。

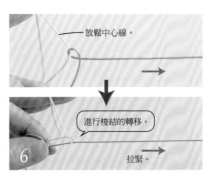

放鬆中心線。

進行梭結的轉移。

拉緊。

6
進行梭結的轉移後，將裡結挪至左手大
拇指&食指的邊緣。

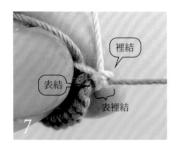

裡結

表結

表裡結

7
於表結旁完成裡結，1目「表裡
結」編織完成。

8
重複交替編織表結&裡結，連續
編織6目表裡結。

9
以左手確實按住最後編好的結目
後，拉動梭子線，束緊結目。

10
架橋編織完成！透過束緊結目的
動作，即可自然形成弧度。

〔 耳的編織 〕

1

編織表結時不要將線完全拉緊，在與前1目之間形成2條線平行的狀態下，事先預留間隔。

預留間隔。

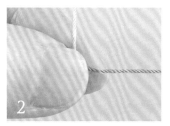

2

為了避免預留的間隔縮小，先以左手確實按住表結。

3

於表結旁編織裡結，完成了1目表裡結後，拉動梭子線將剛完成的結目拉近至前1目旁。

將結目拉近

4

拉近結目，耳＆下1目編織完成。之前預留長度的一半即為耳的高度。

耳

下1目

5

接續編織結目。耳的前後結目，請編織成相同的大小。

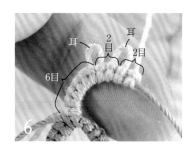

6

耳編織於結目＆結目之間，因此並不算作目數。每當編織耳的同時，也完成了下1目。請多加留意結目的算法。

耳 2目 耳
2目
6目

─ POINT ─

 ✕   ✕

預留間隔編織結目時，容易造成表裡結鬆動；因此請一邊確實地於食指的指腹上方調整結目，一邊進行編織。

在編織長耳＆欲編織均一大小的耳時，亦可選擇使用梭編蕾絲飾環量規。（參照P.87）

作品的正面＆背面

表裡結分有正面＆背面，可藉由耳根部的結目來分辨。

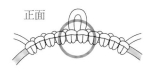

正面

耳根部可見結目形成的線結，表裡結呈並排狀。

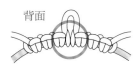

背面

耳根部無結目形成的線結，呈兩條直向渡線的狀態。

以環的耳決定正面的情況

正面

背面

以架橋的耳決定正面的情況

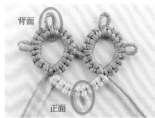

背面

正面

一邊翻轉一邊編織作品時，一件作品中就會出現正面＆背面兩種面向。緣邊的耳，或數量較多的耳等，請以作品中較為醒目的耳佔多數的面為正面使用。

耳的編織

P.4・P.5 *1・2・3・4*

＊使用線材＊

Olympus 梭編蕾絲線
1 〈金蔥〉粉紅色（T403）約8m
2 〈粗〉白色（T301）約5m
　〈粗〉淺綠色（T309）約5m
3 〈中〉白色（T201）約8m
　〈中〉黃色（T211）約8m
　〈中〉黃綠色（T212）約8m
4 〈中〉白色（T201）約4m
　〈中〉粉紅色緞染線（T602）約12m
　〈細〉白色（T101）約9m
　〈細〉粉紅色緞染線（T502）約9m

＊其他材料＊

1 Olympus 梭編用配件　耳環五金
　（TP-1・圓形圈・直徑16mm・金色）1組
2 Olympus 梭編用配件　項圈
　（TP-3・圓形・直徑13cm・銀色）1個
3 Olympus 梭編用配件　耳環五金
　（TP-2・圓形圈・直徑16mm・銀色）1組
　設計C圈（8×6mm・銀色）2個
　設計C圈（10×8mm・銀色）2個
4 Olympus 手作收藏品　胸針
　（HC-1・直徑56mm・圓形底座直徑47mm・
　復古金）1組
　布片　直徑約7cm
　設計C圈（8×6mm・銀色）1個
　單圈（4mm・銀色）1個
　施華洛世奇水晶珠
　（#6010・11×5.5mm・透明AB）1顆
　水滴珠（4mm・透明）10顆

＊工具＊

梭編用梭子 1個

＊完成尺寸＊

1 直徑2.5cm（不包含耳環五金）
2 橫3.5cm　縱約8cm（不包含項圈五金）
3 橫2.5cm　縱約8.5cm（不包含耳環五金）
4 胸針底座直徑5.6cm

＊作法＊

1. 編織花片。
2. 接上五金配件（參照配置組合）。

1 至 *4* 花片

以2次翻摺接耳
於★・☆處併接
（參照P.48・P.49）

〈金蔥〉2.5cm
〈粗〉3.5cm
〈中〉2.5cm
〈細〉1.8cm

⌇ ＝不留間隔地
　　接續編織。

→ ＝於箭頭前的耳上
　　進行接耳。

＊花片的圖解作法
請參照P.46至P.50。

❶ 編織「3目・耳・3目」的環（A1）。
❷ 進行翻轉，編織「5目・耳・3目・耳・3目」的環（A2）。
❸ 編織「3目・與A2環接耳・2目・耳・12目・耳・2目・耳・3目」的環（A3）。
❹ 編織「3目・與A3環接耳・3目・耳・5目」的環（A4）。
❺ 進行翻轉，編織「3目・與A1環接耳・3目」的環（B1）。
❻ 進行翻轉，編織「5目・與A4環接耳・3目・耳・3目」的環（B2）。
❼ 編織「3目・與B2環接耳・2目・與A3環接耳・12目・耳・2目・耳・3目」的環（B3）。
❽ 編織「3目・與B3環接耳・3目・耳・5目」的環（B4）。
❾ 參照步驟❺至❽，重複作法編織C1至F2的環。
❿ 編織「3目・與F2環接耳・2目・與E3環接耳・12目・於A3★處2次翻摺接耳（參照P.48）・2目・耳・3目」的環（F3）。
⓫ 編織「3目・與F3環接耳・3目・於A2☆處2次翻摺接耳（參照P.49）・5目」的環（F4）。

花片的配色＆片數

1		粉紅色	2片
2		白色	1片
		淺綠色	1片
3		白色	2片
		黃色	2片
		黃綠色	2片
4	〈中〉	白色	1片
		粉紅色緞染線	3片
	〈細〉	白色	3片
		粉紅色緞染線	3片

1 耳環

將耳環五金
穿過花片。

配置組合

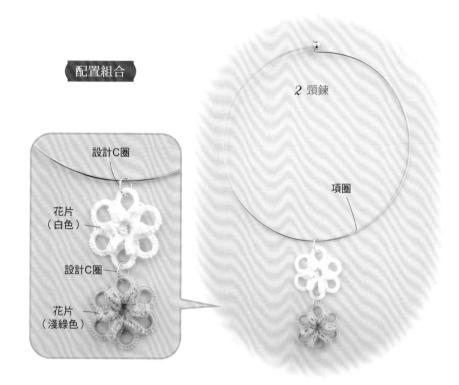

設計C圈

花片
（白色）

設計C圈

花片
（淺綠色）

2 頸鍊

項圈

3 耳環

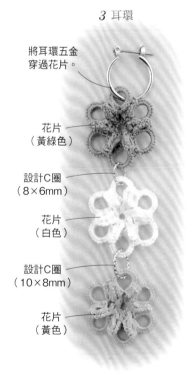

將耳環五金
穿過花片。

花片
（黃綠色）

設計C圈
（8×6mm）

花片
（白色）

設計C圈
（10×8mm）

花片
（黃色）

4 胸針

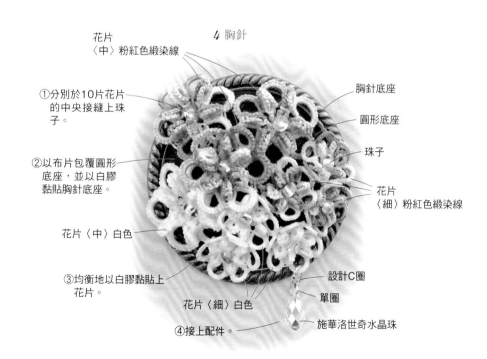

花片
〈中〉粉紅色緞染線

①分別於10片花片
的中央接縫上珠
子。

②以布片包覆圓形
底座，並以白膠
黏貼胸針底座。

花片〈中〉白色

③均衡地以白膠黏貼上
花片。

花片〈細〉白色

④接上配件。

胸針底座

圓形底座

珠子

花片
〈細〉粉紅色緞染線

設計C圈

單圈

施華洛世奇水晶珠

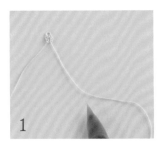

編織A1環。

翻轉A1環，拿在左手上。

手持A1環&於左手上掛線，並維持環編的基本姿勢。

於A1環的邊緣，編織A2環的結目。

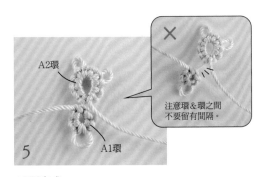

A2環完成。

接續編織A3環的前3目。

接耳

將A2環的耳置於中心線上，再依箭頭所示，以梭子的尖角挑出位於耳下的中心線。

以蕾絲針將線鉤出的作法

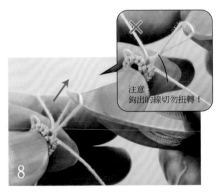

將線由耳中鉤出，拉長擴大成線圈。在此同時放低左手中指&無名指，以便放鬆中心線。

以蕾絲針鉤線，將鉤出的線圈拉長擴大。

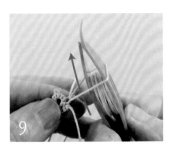

將梭子由下方穿入鉤出的線圈之中。

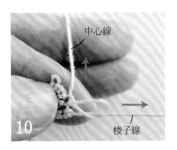

10

一邊拉緊梭子線，並揚起左手中指＆無名指，一邊拉動中心線，將線圈縮小。

11

將線圈拉至與旁邊表裡結的結目相同高度為止，接耳編織完成。

— POINT! —

若將中心線拉收過多，梭子線就會被拉進耳中，以致於無法將環拉緊。

若中心線拉收不足，則會導致接耳線變得鬆弛。

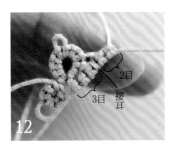

12

接續編織2目。請注意接耳不可算入目數。

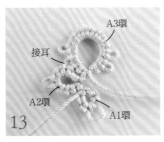

13

A3環完成，且已利用接耳與A2環併接在一起。

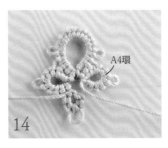

14

一邊與A3環進行接耳，一邊編織A4環。

15

進行翻轉，並一邊與A1環進行接耳，一邊編織B1環。

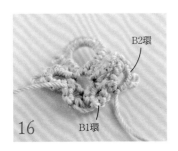

16

再次進行翻轉，並一邊與A4環進行接耳，一邊編織B2環。

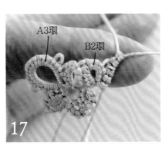

17

將B3環編織至「3目・與B2環接耳・2目」為止，再於A3環上進行接耳。

18

只要與A3環併接，A4與B2的環就會形成山摺。

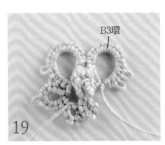

19

B3環完成後，再於指定的位置上進行接耳，花片就會變成立體狀。

47

2次翻摺接耳 將花片最後的環連接於最初的環上時，只要以此方法併接，連接的結目就不會發生扭轉的情形。
本作品即以此方法將兩處連結併接。（P.82則以平面的花片進行此作法的解說。）

※為了更淺顯易懂，在此更換A2與A3環的色線進行解說。

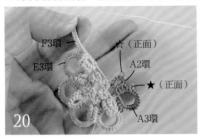

先將F3環編織至「3目・與F2環接耳・2目・與E3環接耳・12目」為止，再將掛於左手的線圈確實拉大，並以左手大拇指＆食指按住最後編好的結目，準備與A3環的耳（★）併接。

將右手的手背轉向面前，以大拇指＆食指捏住A3環的耳（★），並依箭頭所示，往外側翻摺。

將捏住的耳（★）置於中心線上方。

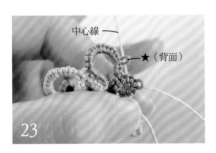

暫時抽出左手大拇指，自已翻摺的花片上方重新捏住＆放開右手。此為翻摺1次的狀態。

再翻摺一次。將右手的手背轉向面前，以大拇指＆食指捏住耳（★），並依箭頭所示，往外側翻摺。

再次將捏住的耳（★）置於中心線正上方，使A3環往外側翻摺。

翻摺2次完成後，以梭子的尖角，依箭頭所示自耳（★）中挑出中心線。

將線由耳中鉤出，拉長擴大成線圈後，讓梭子穿過去，進行接耳。

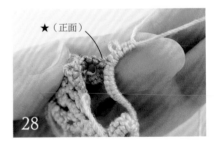

接續編織至F3環剩餘的「2目・耳・3目」。

29

一邊以左手確實按住最後編好的結目，一邊將梭子線拉至中途。在完全拉線收緊之前，請先稍微預留間隔。（因接下來確認連接的結目若發生扭轉的情況時，就要拆線重新併接。）

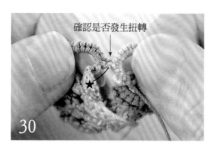

確認是否發生扭轉

30

將已摺好的環攤開，整理花片的形狀，並確認接耳處是否有扭轉的情況發生。

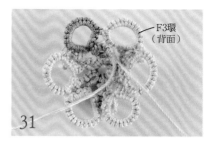

F3環
（背面）

31

若無問題，再次一邊按住最後編好的結目，一邊拉動梭子線，以便將F3環的線圈束緊。

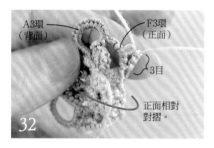

A3環
（背面）
F3環
（正面）
3目
正面相對
對摺。

32

接續編織F4環。由於梭子線會由花片的背面拉出，因此可將花片正面相對對摺，在手持F3環根部的狀態下，保持環編的基礎姿勢。圖示為已編織3目的模樣。

33

與F3環進行一般的接耳。

34

接耳編織完成。

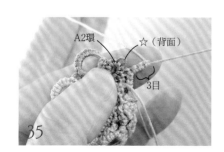

A2環
☆（背面）
3目

35

接續編織3目，並於A2環的耳（☆）上併接。本作品雖以2次翻摺接耳的方法併接，但由於步驟32中是對摺編織，因此已可算是完成翻摺一次的狀態。

36

再翻摺一次。將右手手背轉向面前，以大拇指＆食指捏住A2環的耳（☆），並依箭頭所示，往外側翻摺。

37

將捏住的耳（☆）置於中心線上方。

38 完成2次翻摺後，以梭子的尖角，依箭頭所示自耳（☆）中挑出中心線，進行接耳。

39 接耳編織完成。

40 接續編織F4環剩餘的5目。

41 一邊以左手確實按住最後編好的結目，一邊將梭子線拉至中途為止。在完全拉線收緊之前，請先稍微預留間隔。

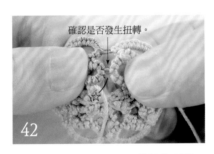

42 將已摺好的環攤開，整理花片的形狀，並確認接耳處是否有扭轉的情況發生。

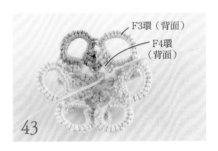

43 若無問題，再次一邊按住最後已編好的結目，一邊拉動梭子線，以便將F4環的線圈束緊。最後於背面編織梭編結（P.83）＆進行線端處理（P.84）。

44 將形成山褶的環推往花片的表面，整理形狀後，進行作品最後處理（P.84）。

完成！ 自由體驗兩種花形變化的樂趣吧！

只要將中央推往外側，即可形成稍微內縮的花形。

只要將中央推往內側，即可形成展平綻放的花形。

P.7 *6·7*

＊使用線材＊
Olympus 梭編蕾絲線〈中〉
6 淺米色（T203）約7m
　紫色緞染線（T603）約7m
7 粉紅色（T216）約7m
　粉紅色緞染線（T602）約7m
＊其他材料＊
　耳環五金（銀色）1組
　C圈（5×4mm・銀色）2個
＊工具＊
梭編用梭子 1個

＊完成尺寸＊
長6.5cm（不包含五金）
＊作法＊
1. 編織花片。
2. 接上五金。

配色

	a色	b色
6	紫色緞染線	淺米色
7	粉紅色緞染線	粉紅色

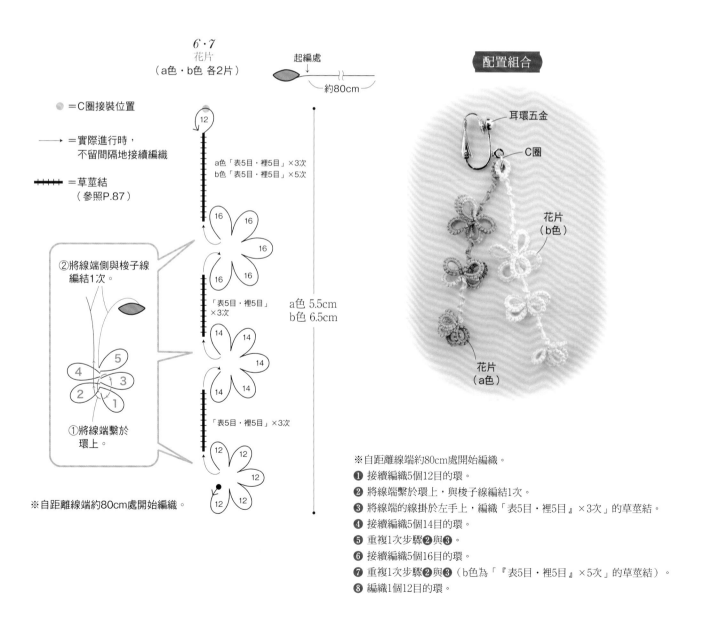

6·7
花片
（a色・b色 各2片）

起編處
約80cm

● ＝C圈接裝位置

⟶ ＝實際進行時，
不留間隔地接續編織

╫╫╫╫ ＝草莖結
（參照P.87）

②將線端側與梭子線
編結1次。

5
4　3
2　1

①將線端繫於
環上。

※自距離線端約80cm處開始編織。

12
a色「表5目・裡5目」×3次
b色「表5目・裡5目」×5次
16　16
16
16　16

「表5目・裡5目」×3次
a色 5.5cm
b色 6.5cm

14　14
14
14　14
「表5目・裡5目」×3次

12　12
12
12　12
12

配置組合

耳環五金
C圈
花片（b色）
花片（a色）

※自距離線端約80cm處開始編織。
❶ 接續編織5個12目的環。
❷ 將線端繫於環上，與梭子線編結1次。
❸ 將線端的線掛於左手上，編織「表5目・裡5目』×3次」的草莖結。
❹ 接續編織5個14目的環。
❺ 重複1次步驟❷與❸。
❻ 接續編織5個16目的環。
❼ 重複1次步驟❷與❸（b色為「『表5目・裡5目』×5次」的草莖結）。
❽ 編織1個12目的環。

P.6 **5** 🌿🌿

＊使用線材＊
Olympus 梭編蕾絲線〈粗〉
奶油色（T306）約8m
祖母綠（T313）約5m

＊其他材料＊
錬條（仿古金色）40cm
問號鉤・延長錬組（仿古金色）1組
C圈（4×3mm・仿古金色）8個

＊工具＊
梭編用梭子 1個

＊完成尺寸＊
參照圖示

＊作法＊
1. 編織花片A・B。
2. 接上五金。

配置組合

花片A（3片）

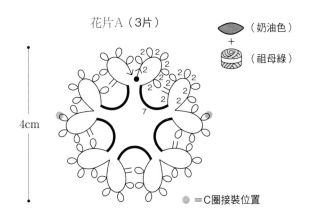

◎（奶油色）
＋
◎（祖母綠）

4cm

●＝C圈接裝位置

花片A
❶ 以梭子編織「『2目・耳』×5次・2目」的環。
❷ 進行翻轉，將線球側的線掛於左手上，編織7目的架橋。
❸ 再次翻轉，以梭子編織「2目・接耳・『2目・耳』
　 ×4次・2目」的環。
❹ 重複4次步驟❶至❸。

花片B（2片）

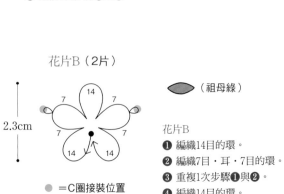

◎（祖母綠）

2.3cm

●＝C圈接裝位置

花片B
❶ 編織14目的環。
❷ 編織7目・耳・7目的環。
❸ 重複1次步驟❶與❷。
❹ 編織14目的環。

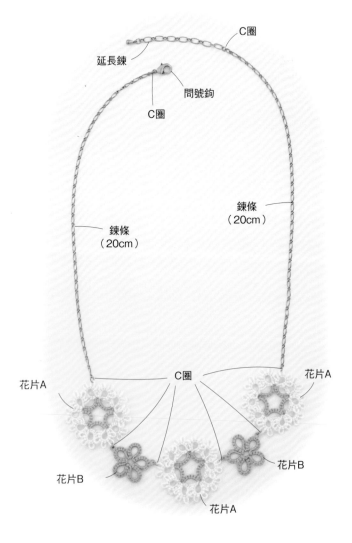

延長錬
C圈
問號鉤
C圈
C圈
錬條（20cm）
錬條（20cm）
花片A
花片A
C圈
花片B
花片B
花片A

花片A的作法 ※在此以不同色線進行示範圖解，以便容易理解。

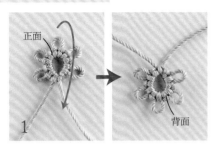

正面　背面

1

編織1個「『2目・耳』×5次・2目」的環後，進行翻轉。

將線球側的線掛於左手上。

2

以左手大拇指＆食指，捏夾住已翻轉的環＆距離線球側線端約15cm處，並直接將線球的線掛於左手中指＆無名指上，保持架橋的基本姿勢。

挪動結目。

3

編織7目的架橋。先以左手按住最後編好的結目再拉動梭子線，直到將編好的結目確實挪到環的邊緣為止。

將梭子線掛於左手上。

4

再次翻轉，線球側的線暫時休織。先以左手按住架橋最後編好的結目，並將梭子線掛於左手上，維持環編的基本姿勢。

5

編織表裡結＆挪至架橋邊緣，作為下一個環的第1目。

第2個環

6

第2個環完成。環為梭子線的顏色，架橋則為線球的顏色。

梭編結（最初＆最後各出現2條線端時）

7

不進行翻轉，再次編織1個環。後續皆依相同作法一邊對照織圖，一邊繼續編織花片。

背面

1

當編織的最初＆最後各出現2條線端時，將同色線進行梭編結（參照P.83）。

2

在此種花片的情況下，由於環在外側，架橋在內側，因此結目也請避免以外側＆內側交換的方式來進行編結。

─ POINT ─ 當4條皆為同色線時，可將最初＆最後的各1條編織線，分別進行梭編結。

P.8 *8·9*

＊使用線材＊

8 Olympus 梭編蕾絲線

8〈中〉淺米色（T203）約5m

9〈細〉淺綠色（T109）約5m

＊其他材料＊

8 附釦頭的鍊條（仿古鍍金）44cm

　　圓背托片（附環圈的橢圓形・48×37mm・仿古鍍金）1個

　　橢圓C圈（1.2×3.7×5.5mm・仿古金色）1個

　　布片（亞麻布）8×8cm

　　鋪棉 5×4cm

　　厚紙板 5×4cm

9 耳環五金（U字形・仿古鍍金）1組

　　單圈（直徑3mm・仿古鍍金）4個

　　夾線頭小山夾（1.2mm・仿古鍍金）2個

＊工具＊

梭編用梭子 2個

＊完成尺寸＊

花片部分　*8* 縱3.7cm　橫2.4cm

　　　　　9 縱3cm　橫1.7cm

＊作法＊

8 1. 編織花片A。

　　2. 以布片包覆厚紙板＆鋪棉，
　　　黏貼於圓背托片上。

　　3. 將花片黏貼於布片上。

　　4. 接裝五金。

9 1. 編織花片A・B。

　　2. 接上五金。

8
厚紙板・鋪棉
原寸紙型

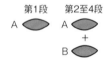

	第1段	第2至4段
A		A
		+
		B

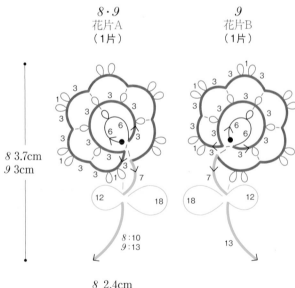

8·9
花片A
（1片）

9
花片B
（1片）

8 3.7cm
9 3cm

8 :10
9 :13

13

8 2.4cm
9 1.7cm

花片A

〈第1段〉

以梭子A編織「6目・耳・6目」的環。

〈第2段〉

❶ 進行翻轉，將梭子B的線掛於左手上，
　編織「『3目・耳』×2次・3目」的架橋。

❷ 於前段的耳上進行梭線接耳，編織「耳・『3目・耳』×2次・3目」
　的架橋。

❸ 於第1段＆第2段之間進行梭線接耳。

〈第3段〉

❶ 進行左右翻面，並依裡結的要領編結1次（參照P.56）。

❷ 保持將梭子B的線掛於左手上的狀態，編織「3目・耳・1目・耳・3目」
　的架橋。

❸ 與前段的耳進行梭線接耳。

❹ 重複5次步驟❷與❸（第5次時，於第2段的梭線接耳上方進行梭線接耳）。

〈第4段〉（花莖・葉子）

❶ 保持將梭子B的線掛於左手上的狀態，編織7目的架橋。

❷ 與前段的耳進行梭線接耳。

❸ 進行翻轉，以梭子A編織12目的環。

❹ 進行翻轉，以梭子B編織18目的環。

❺ 將梭子B的線掛於左手上，編織10目（作品9為13目）的架橋。

花片B

第1至3段與花片A的作法相同。

〈第4段〉（花莖・葉子）

❶ 進行左右翻面，並依裡結的要領編結1次（與第3段步驟❶作法相同）。

❷ 保持將梭子B的線掛於左手上的狀態，編織7目的架橋。

❸ 與前段的耳進行梭線接耳。

❹ 進行翻轉，以梭子A編織12目的環。

❺ 進行翻轉，以梭子B編織18目的環。

❻ 將梭子B的線掛於左手上，編織13目的架橋。

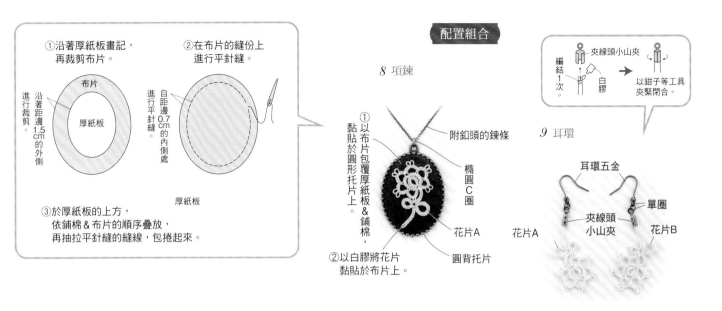

① 沿著厚紙板畫記，
再裁剪布片。

② 在布片的縫份上
進行平針縫。

沿著距邊1.5cm的外側進行裁剪。

布片

厚紙板

自距邊0.7cm的內側處進行平針縫。

厚紙板

③ 於厚紙板的上方，
依鋪棉&布片的順序疊放，
再抽拉平針縫的縫線，包捲起來。

配置組合

8 項鍊

① 以布片包覆厚紙板&鋪棉，黏貼於圓形托片上。

附釦頭的鍊條

橢圓C圈

花片A

圓背托片

② 以白膠將花片黏貼於布片上。

夾線頭小山夾

編結1次。

白膠

以鉗子等工具夾緊閉合。

9 耳環

耳環五金

單圈

夾線頭小山夾

花片A

花片B

花片A·B的作法

※在此以不同色線進行示範圖解，
以便容易理解。

梭線接耳（於耳上併接）

1

將第2段的架橋編織至「『3目·耳』×2次·3目」。

2

梭子線

將第1段環的耳置於梭子線（連接梭子的線）的上方，並依箭頭所示，以梭子的尖角挑線。

3

將耳中鉤出的線圈拉長擴大，直接讓梭子穿入線圈中。

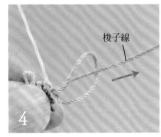

4

梭子線

拉動梭子，將線圈縮小。

— POINT! —

架橋的結目鬆弛

請先將架橋的結目徹底拉線束緊後，再進行梭線接耳。

出現空隙

請避免於架橋&梭線接耳之間出現空隙地進行編織。

扭轉現象

請勿在鉤出的線圈呈現扭轉的情況下進行編織。

5

梭線接耳

梭線接耳編織完成。

※接續次頁。

梭線接耳（於第1段&第2段之間併接）

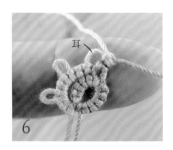

6

接續編織架橋，編織至「耳・1目」為止。

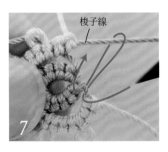

7

第2段最後的梭線接耳，是於第1段&第2段之間穿入梭子的尖角，鉤出梭子線。

8

將鉤出的線圈拉長擴大，直接讓梭子穿入線圈中，再拉線束緊。

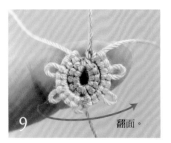

9 翻面。

梭線接耳編織完成。依箭頭方向進行左右翻面後，接續編織第3段。

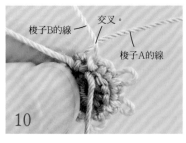

10

翻面後，使梭子B的線重疊於梭子A的線的上方，呈交叉進行。

11

為了消除線交叉的情況，編織1次裡結。此時不進行梭結的轉移，依圖示在2條線打結的狀態下，拉線束緊。

12

拉緊後，編織「3目・耳・1目・耳・3目」的架橋。再依織圖所示，繼續編織第3段。

收尾時的線頭處理方法（以作品8項鍊為例）

完成！

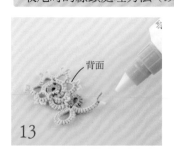

13

完成最後的梭編結後，將線端剪短&將作品翻至背面，再塗上白膠。

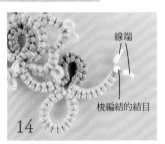

14

將白膠分別塗抹於已進行梭編結的結目&線端上。

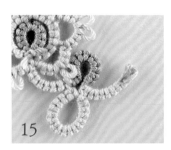

15

將線端摺往內側，並黏貼固定於作品的背面（細微處以牙籤等工具輔助）。

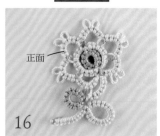

16

翻至正面，花片A編織完成！

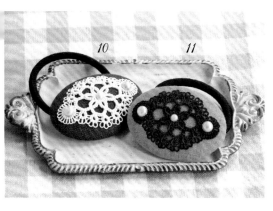

P.9 *10·11*

＊使用線材＊
Olympus 梭編蕾絲線〈中〉
10 原色（T202）約6m
11 黑色（T218）約6m

＊其他材料＊
Clover包鈕配件
（髮圈用・橢圓形・55×40mm）1個
珍珠（平底貼片・半圓・6mm）2顆
珍珠（平底貼片・半圓・4mm）1顆
髮圈 約18cm
布片（亞麻布）8×10cm

＊工具＊
梭編用梭子 2個

＊完成尺寸＊
花片部分　縱3.6cm　橫5.2cm

＊作法＊
1. 編織花片。
2. 製作包鈕，黏貼上花片＆
　半圓珍珠。
3. 將髮圈穿過包鈕後打結。

10・11　花片

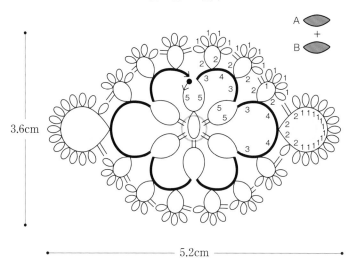

A
＋
B

3.6cm

5.2cm

❶ 以梭子A編織「5目・長耳・5目」的環。
❷ 進行翻轉，將梭子B的線掛於左手上，編織3目的架橋。
❸ 以梭子B編織「2目・耳・『1目・耳』×4次・2目」的環。
❹ 將梭子B的線掛於左手上，編織4目的架橋。
❺ 以梭子B編織「2目・接耳・『1目・耳』×4次・2目」的環。
❻ 將梭子B的線掛於左手上，編織3目的架橋。
❼ 進行翻轉，以梭子A編織「5目・接耳・5目」的環。
❽ 進行翻轉，將梭子B的線掛於左手上，編織3目的架橋。
❾ 以梭子B編織「2目・接耳・『1目・耳』×4次・2目」的環。
❿ 將梭子B的線掛於左手上，編織4目的架橋。
⓫ 以梭子B編織「2目・接耳・2目・耳・『1目・耳』×12次・2目・耳・2目」的環。
⓬ 重複3次步驟❹至❾。
⓭ 重複1次步驟❿與⓫，及1次步驟❹至❾。
⓮ 將梭子B的線掛於左手上，編織4目的架橋。
⓯ 以梭子B編織「2目・接耳・『1目・耳』×3次・1目・2次翻摺接耳・2目」的環。
⓰ 將梭子B的線掛於左手上，編織3目的架橋。

※第一個環的長耳為5mm，
　其他耳則皆為3mm。

○＝珍珠（4mm）黏貼位置。
＝珍珠（6mm）黏貼位置。

配置組合

正面
花片
珍珠（4mm）
珍珠（6mm）
布片
①以布片包覆配件，製作包鈕。
②以白膠將花片黏貼於布片上。
③以白膠將珍珠黏貼於花片上。

背面
髮圈
包鈕配件
④將髮圈穿過包鈕後打結固定。

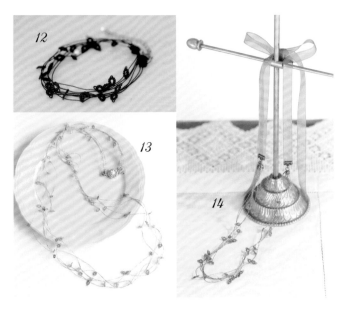

P.10・P.11 *12・13・14*

* 使用線材 *

Olympus 梭編蕾絲線
12〈中〉黑色（T218）約5m
13〈金蔥〉金色（T407）約13m
14〈金蔥〉青銅色（T408）約7m

* 其他材料 *

12 單圈（直徑5mm・仿古金色）2個
　　C圈（4×3mm・仿古金色）1個
　　圓形項鍊釦頭（仿古金色）1個
　　延長鍊（仿古金色）1個
　　T針（15mm・仿古金色）2支
　　珍珠（4mm・白色）2顆
13 單圈（直徑4mm・金色）4個
　　項鍊釦頭（1串・金色）1組
14 單圈（直徑5mm・仿古金色）2個
　　單圈（直徑4mm・仿古金色）2個
　　緞帶束尾夾（10mm・仿古金色）2個
　　玻璃紗緞帶（寬10mm）50cm×2條

* 工具 *

梭編用梭子 1個

* 完成尺寸 *

梭編織帶　12・14　長約35cm
　　　　　　13　長約85cm

* 作法 *

1. 編織指定數量的織帶。
2. 接上五金（參照配置組合）。

12・13・14 梭編織帶
（*12*為3條　*13・14* 各5條）

● ＝單圈接裝位置

渡線（*12* 間隔3至5cm　*13・14* 間隔4至8cm）

❶ 編織「5目・耳・5目」的環。
❷ 於指定的間隔渡線。
❸ 編織「5目・耳・5目」的環×1次或2次。
❹ 隨機重複步驟❷與❸，編織至指定的長度。
　　最後再編織「5目・耳・5目」的環。

5　5　5　5　5　5

隨機編織環。

※每次編織環時，皆將根部編結。

12・14 約35cm
13 約85cm

── 環根部的編結方式 ──

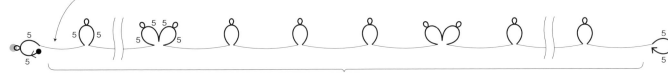

1個環

① ② 編結1次。 ③

2個環

① ② 編結1次。 正面 ③ ④ 正面 ⑤ 於另一側再編結1次。

配置組合

12 項鍊

延長鍊
C圈
T針
珍珠

圓形
項鍊釦頭
單圈

延長鍊
單圈

隨意地
連接於一處。
T針
珍珠

13 項鍊

項鍊釦頭
單圈
單圈

14 項鍊

※另一側
作法亦同。

單圈
（5mm）
緞帶束尾夾
單圈
（4mm）
緞帶
（50cm）

梭編織帶的作法

渡線

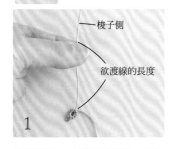

梭子側
欲渡線的長度

1
決定至下一個環的間隔，並以
左手捏住其下方。

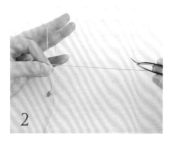

2
維持手捏的動作，直接將線掛
於左手上&編織環。

3
將步驟1中預留長度的線渡於環
與環之間。

─ POINT ─

將1目分割，
由背面往正面出針。

正視時，
於結目與結目
之間入針。

俯視時看見的表裡結模樣。

（背面）
（正面）

線頭處理（縫入方法）

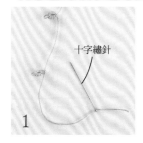

十字繡針

1
將線端穿於十字繡針中。

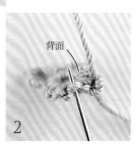

背面

2
由正面於表裡的結目與
結目之間入針。

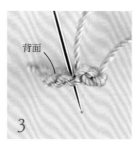

背面

3
如將1目分割似地由背面
入針。

4
穿過2・3目，最後於背面
出針，並於邊緣剪線。

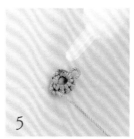

5
於線端處塗上線頭防綻
液，予以固定。

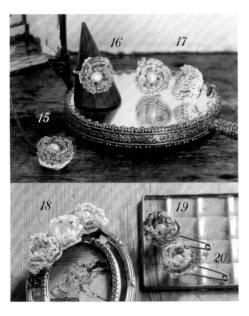

P.12・P.13 15 至 20

＊使用線材＊

Olympus 梭編蕾絲線

12 〈中〉淺米色（T203）約1.5m
〈金蔥〉粉紅色（T403）約4m

16 〈中〉原色（T202）約1.5m
〈金蔥〉紫色（T402）約4m

17 〈中〉白色（T201）約3m
〈金蔥〉銀色（T401）約8m

18 〈粗〉原色（T302）約6m
〈粗〉淺紫色（T308）約12m
〈金蔥〉紫色（T402）約4.5m

19 〈金蔥〉粉紅色（T403）約1.5m
〈粗〉紫色緞染線（T703）約6m

20 〈金蔥〉青銅色（T408）約1.5m
〈粗〉茶色緞染線（T701）約6m

＊其他材料＊

15 附釦頭的鍊條（仿古鍍金）40cm
圓形背托（直徑12mm・仿古鍍金）1個
C圈（4×3mm・仿古鍍金）1個
淡水珍珠（約6×5mm・白色）1顆

16 戒台（圓片戒托10mm・仿古金色）1個
淡水珍珠（約6×5mm・白色）1顆

17 耳環五金（圓片平台10mm・仿古鍍金）1組
淡水珍珠（約6×5mm・白色）2顆

18 髮夾五金（75×9mm・仿古鍍金）1個
淡水珍珠（約9×7mm・白色）3顆
不織布（白色）10×80mm
純棉編織蕾絲花邊（寬15mm・白色）13.5cm

19・20 附底座別針
（25mm・圓片底托14mm・仿古鍍金）1個
淡水珍珠（約9×7mm・白色）1顆

＊工具＊
梭編用梭子 1個

＊完成尺寸＊
梭編織帶 *15・17* 直徑約2cm
18至20 直徑約3cm

＊作法＊
1. 編織織帶・花片（僅15至17）。
2. 將織帶組成花朵形狀，並接縫上珍珠。
3. 接上五金配件（參照配置組合）。

15至17
織帶・花片的配色＆片數

	織帶	花片
15	粉紅色（1片）	淺米色（1片）
16	紫色（1片）	原色（1片）
17	銀色（2片）	白色（2片）

18至20
花片的配色＆片數

		第1段	第2段	片數
18		淡紫色	紫色	2片
		原色	紫色	1片
19		紫色緞染線	粉紅色	1片
20		茶色緞染線	青銅色	1片

15至20 織帶

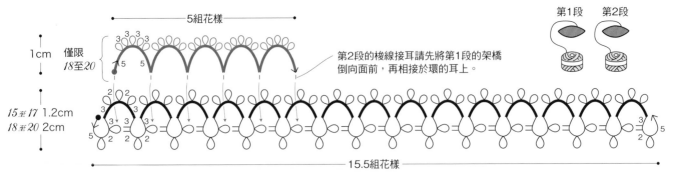

第2段的梭線接耳請先將第1段的架橋
倒向面前，再相接於環的耳上。

第1段 第2段

花片

〈第1段〉
❶ 編織「5目・耳・2目・耳・3目」的環。
❷ 進行翻轉，將線球側的線掛於左手上，編織「3目・耳・2目・耳・2目・3目」的架橋。
❸ 進行翻轉，編織「3目・接耳・2目・耳・2目・3目」的環。
❹ 重複14次步驟❷與❸（最後的環編織「3目・接耳・2目・耳・5目」）。

〈第2段〉（僅限18至20）
❶ 於第一段的耳上進行梭線接耳。
❷ 將線球側的線掛於左手上，編織「5目・耳・『3目・耳』×4次・5目」的架橋。
❸ 於第一段的耳上進行梭線接耳。
❹ 重複4次步驟❷與❸。

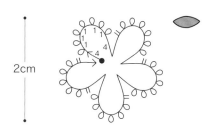

15至17 花片

2cm

花片

❶ 編織「4目・耳・『1目・耳』×6次・4目」的環。

❷ 接續編織3個「4目・接耳・『1目・耳』×6次・4目」的環。

❸ 編織「4目・接耳・『1目・耳』×5次・1目・2次翻摺接耳・4目」的環。

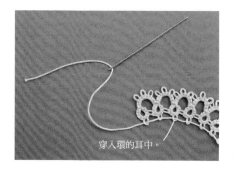

織帶的組合方法

穿入環的耳中。

以同色線穿於縫針中,再穿入環的耳中,一邊拉緊縫線,一邊將織帶由邊端處開始捲繞(18至20,為使第2段形成花瓣的外側來進行捲繞)。中途一邊整理形狀,一邊將根部縫合固定,最後進行梭編結。(圖示範例為了更淺顯易懂,因此改以不同色線進行解說。)

配置組合

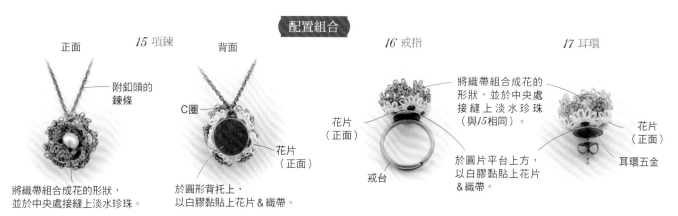

15 項鍊

正面

附釦頭的鍊條

將織帶組合成花的形狀,並於中央處接縫上淡水珍珠。

背面

C圈

花片(正面)

於圓形背托上,以白膠黏貼上花片&織帶。

16 戒指

將織帶組合成花的形狀,並於中央處接縫上淡水珍珠(與15相同)。

花片(正面)

戒台

於圓片平台上方,以白膠黏貼上花片&織帶。

17 耳環

花片(正面)

耳環五金

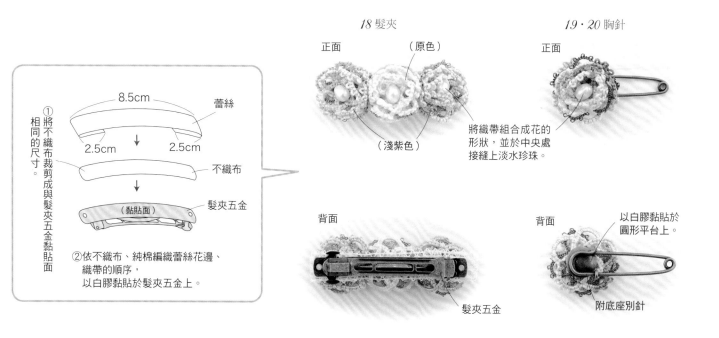

① 將不織布裁剪成與髮夾五金黏貼面相同的尺寸。

8.5cm

蕾絲

2.5cm 2.5cm

不織布

(黏貼面)

髮夾五金

② 依不織布、純棉編織蕾絲花邊、織帶的順序,以白膠黏貼於髮夾五金上。

18 髮夾

正面

(原色)

(淺紫色)

將織帶組合成花的形狀,並於中央處接縫上淡水珍珠。

背面

髮夾五金

19・20 胸針

正面

背面

以白膠黏貼於圓形平台上。

附底座別針

P.14 *21·22*

＊使用線材＊
Olympus 梭編蕾絲線
21〈細〉白色（T101）約11m
22〈金蔥〉金色（T407）約14m

＊其他材料＊
21 附釦頭的鍊條（銀色）50cm
　　單圈（直徑4mm‧銀色）2個
　　捷克角珠（水滴型‧10×6mm‧水晶）1顆

＊工具＊
梭編用梭子 2個

＊完成尺寸＊
21 花片直徑6.7cm
　　（不包含五金‧珠子）
22 花片直徑8.5cm

＊作法＊
1. 編織花片。
2. 僅*21*接上五金＆珠子。

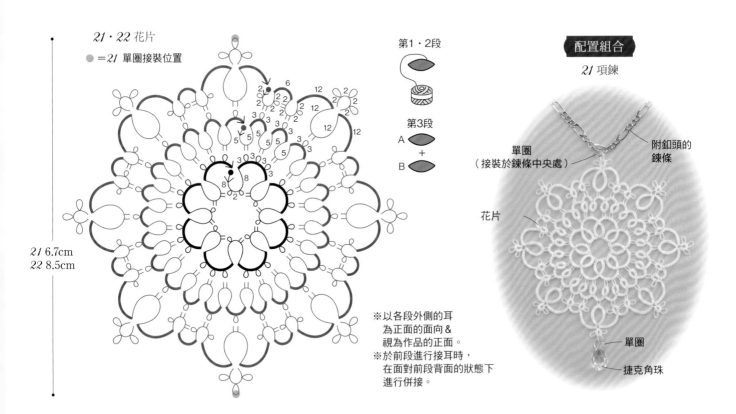

21·22 花片

● ＝*21* 單圈接裝位置

第1‧2段

第3段
A
＋
B

配置組合
21 項鍊

單圈
（接裝於鍊條中央處）

附釦頭的鍊條

花片

單圈

捷克角珠

※以各段外側的耳
　為正面的面向＆
　視為作品的正面。
※於前段進行接耳時，
　在面對前段背面的狀態下
　進行併接。

21 6.7cm
22 8.5cm

〈第1段〉
❶ 編織「8目‧耳‧2目‧耳‧8目」的環。
❷ 進行翻轉，將線球側的線掛於左手上，
　 編織「『3目‧耳』×3次‧3目」的架橋。
❸ 進行翻轉，編織「8目‧接耳‧2目‧耳‧8目」的環。
❹ 重複6次步驟❷與❸（最後的環編織「8目‧接耳‧2目‧接耳‧8目」）。
❺ 重複1次步驟❷。

〈第2段〉
❶ 編織「5目‧與前段接耳‧5目」的環。
❷ 進行翻轉，將線球側的線掛於左手上，編織「3目‧耳‧3目」的架橋。
❸ 進行翻轉，編織「5目‧與前段接耳‧5目」的環。
❹ 重複步驟❷與❸，編織一圈。

〈第3段〉
❶ 以梭子A編織「2目‧耳‧2目‧與前段接耳‧2目‧耳‧2目」的環。
❷ 進行翻轉，將梭子B的線掛於左手上，編織6目的架橋。
❸ 進行翻轉，以梭子A編織「2目‧接耳‧2目‧與前段接耳‧2目‧耳‧2目」的架橋。
❹ 進行翻轉，將梭子B的線掛於左手上，編織12目的架橋。
❺ 進行翻轉，以梭子A編織「12目‧與前段接耳‧12目」的環。
❻ 進行翻轉，以梭子B編織「『2目‧耳』×3次‧2目」的環。
❼ 將梭子B的線掛於左手上，編織12目的架橋。
❽ 進行翻轉，以梭子A編織「2目‧耳‧2目‧與前段接耳‧2目‧耳‧2目」的環。
❾ 重複步驟❷至❽，編織一圈。

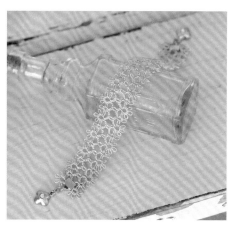

P.15 *23*

＊使用線材＊
Olympus 梭編蕾絲線〈金蔥〉
銀色（T401）約4m
水藍色（T404）約7m
＊其他材料＊
緞帶束尾夾（6mm・銀色）2個
磁式鍊釦（花型・銀色）1組
C圈（5×4mm・銀色）6個

＊工具＊
梭編用梭子 1個
＊完成尺寸＊
寬2.3cm 長16cm（不包含五金）
＊作法＊
1. 編織織帶。
2. 接上五金。

花片

□ ＝緞帶束尾夾接裝位置

◗（水藍色）
＋
◎（銀色）

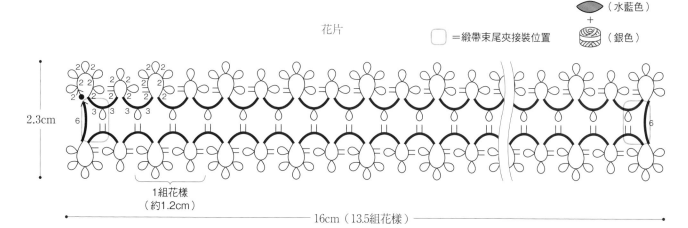

2.3cm

1組花樣
（約1.2cm）

16cm（13.5組花樣）

❶ 編織「『2目・耳』×5次・2目」的環。
❷ 進行翻轉，將線球側的線掛於左手上，編織「3目・耳・3目」的架橋。
❸ 進行翻轉，編織「2目・接耳・『2目・耳』×2次・2目」的環。
❹ 進行翻轉，將線球側的線掛於左手上，編織「3目・耳・3目」的架橋。
❺ 進行翻轉，編織「2目・接耳・『2目・耳』×4次・2目」的環。
❻ 重複12次步驟❷至❺。
❼ 進行翻轉，將線球側的線掛於左手上，編織6目的架橋。
❽ 進行翻轉，編織「『2目・耳』×5次・2目」的環。
❾ 進行翻轉，將線球側的線掛於左手上，編織「3目・接耳・3目」的架橋。

❿ 進行翻轉，編織「2目・接耳・『2目・耳』×2次・2目」的環。
⓫ 進行翻轉，將線球側的線掛於左手上，編織「3目・接耳・3目」的架橋。
⓬ 進行翻轉，編織「2目・接耳・『2目・耳』×4次・2目」的環。
⓭ 重複12次步驟❾至⓬。
⓮ 進行翻轉，將線球側的線掛於左手上，編織6目的架橋。

配置組合

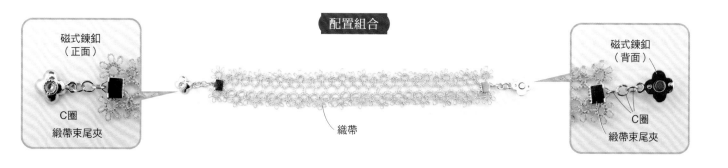

磁式鍊釦
（正面）

C圈
緞帶束尾夾

織帶

磁式鍊釦
（背面）

C圈
緞帶束尾夾

P.16 *25*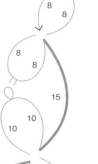

＊使用線材＊
Olympus 梭編蕾絲線
〈中〉淺紫色（T208）約4m
〈金蔥〉紫色（T402）約4m
＊其他材料＊
耳環五金
（圓圈式耳環・直徑16mm・
銀色）1組

＊工具＊
梭編用梭子 2個
＊完成尺寸＊
長4.5cm（不包含五金）
＊作法＊
1. 編織花片。
2. 接上五金。

花片A
（2片）

花片B
（2片）

4.5cm

配置組合

②將耳環五金穿入最後的環中。

①將花片A・B背面相對疊合，取最初＆最後的線端，將同色的線端於背面進行梭編結。

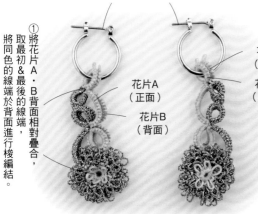

花片A
（正面）

花片A
（正面）

花片B
（背面）

花片B
（背面）

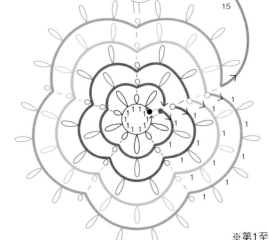

花片B
第1至5段與花片A的作法相同。
〈第6段〉
❶ 進行左右翻面，並依裡結的要領編結1次
（參照P.56步驟9至12）。
❷ 保持將梭子B的線掛於左手上的狀態，
編織15目的架橋。
❸ 進行翻轉，以梭子A編織
「10目・接耳・10目」的環。
❹ 進行翻轉，以梭子B編織
「10目・耳・10目」的環。
❺ 進行翻轉，將梭子A的線掛於左手上，
編織15目的架橋。
❻ 進行翻轉，以梭子B編織
「8目・接耳・8目」的環。
❼ 進行翻轉，以梭子A編織
「8目・耳・8目」的環。

2cm

※自距離線端約30cm處開始編織。

─○ ＝於迴紋針穿過的孔眼處進行梭線接耳。

第1段　　起編處
　　　　　↓
A ⬭ ━━┤├━━━━━
（淺紫色）　　└ 約30cm ┘

第2至6段
A ⬭ ＋ B ⬭
（淺紫色）　（紫色）

※第1至5段與花片A的作法相同。

花片A
〈第1段〉
※自距離線端約30cm處開始編織。
❶ 以梭子A編織「『1目・長耳・1目・耳』×4次・1目・長耳・1目」的環。
❷ 將環進行翻轉，並將線球側的線掛於左手上，編織「假耳」。
〈第2段〉
❶ 將梭子B的線掛於左手上，編織「1目・長耳・1目」的架橋，進行梭線接耳。
❷ 編織「耳・1目・長耳・1目」的架橋，進行梭線接耳。
❸ 重複2次步驟❷。
❹ 編織「耳・1目・長耳・1目」的架橋，並將所有的同色線進行梭編結。
〈第3段〉
❶ 將梭子B的線掛於左手上，掛上迴紋針。
❷ 編織「『1目・長耳』×2次・1目」的架橋，進行梭線接耳。
❸ 編織「耳・『1目・長耳』×2次・1目」的架橋，進行梭線接耳。
❹ 重複3次步驟❸。

〈第4段〉
❶ 將梭子B的線掛於左手上，掛上迴紋針。
❷ 編織「『1目・長耳』×3次・1目」的架橋，進行梭線接耳。
❸ 編織「耳・『1目・長耳』×3次・1目」的環，進行梭線接耳。
❹ 重複3次步驟❸。
〈第5段〉
❶ 將梭子B的線掛於左手上，掛上迴紋針。
❷ 編織「『1目・長耳』×4次・1目」的架橋，進行梭線接耳。
❸ 編織「耳・『1目・長耳』×4次・1目」的架橋，進行梭線接耳。
❹ 重複3次步驟 。
〈第6段〉
❶ 保持將梭子B的線掛於左手上的狀態，直接編織15目的架橋。
❷ 進行翻轉，以梭子A編織「10目・接耳・10目」的環。
❸ 進行翻轉，以梭子B編織「10目・耳・10目」的環。
❹ 進行翻轉，將梭子A的線掛於左手上，編織15目的架橋。
❺ 進行翻轉，以梭子B編織「8目・接耳・8目」的環。
❻ 進行翻轉，以梭子A編織「8目・耳・8目」的環。

花片A・B的作法

※在此以不同色線進行示範圖解，以便容易理解。

1
編織第1段至準備進行「假耳」前，將環的線圈束緊。

「假耳」

2
將環進行翻轉，並將線端側的線掛於左手上。

線端側
梭子線
背面

3
表結

在距離最後結目稍微預留間隔之處，編織表結。

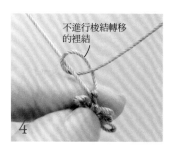

4
不進行梭結轉移的裡結

不進行梭結的轉移，繼續編織裡結。

5
背面

為了作出與其他耳相同的高度，請將結目確實拉緊，「假耳」編織完成。接著不剪線地繼續編織第2段。

確實拉緊。
假耳
正面

第2段

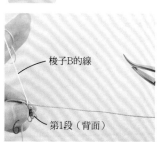

6
梭子B的線
第1段（背面）

第2段以後，請一邊看著第1段的背面一邊編織。將梭子B的線掛於左手上，保持架橋的基本姿勢。

※接續次頁。

7

編織「1目・長耳・1目」的架橋，進行梭線接耳。

8

繼續編織「耳・1目」，但請注意避免將此耳織得過大。

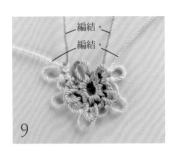

編結。
編結。

9

第2段的最後不進行梭線接耳，而是將所有的同色線進行梭編結。

10

梭編結編織完成後，不剪線地繼續編織下一段。（由於線端側在完成收尾時仍會使用，因此不需剪線，暫時於背面休織即可。）

第3段

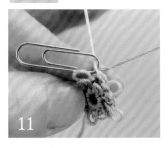

11

於第3段剛開始時，將迴紋針掛在梭子B的線上。以此迴紋針為段＆段交界處的結目記號。

12

在掛著迴紋針的狀態下，繼續往前編織第3段。

之前迴紋針穿過的孔眼

13

待編織至第3段的最後時，取下迴紋針，並將梭子的尖角穿於之前迴紋針穿過的孔眼中，進行梭線接耳。

14

梭線接耳編織完成。再次將迴紋針掛在梭子B的線上，繼續編織下一段。

P.16　24

＊使用線材＊
Olympus 梭編蕾絲線〈細〉
白色（T101）約7m
淺黃色（T105）約7m

＊其他材料＊
Olympus 連鏡小粉盒 圓形
（CN-3・直徑7cm・圓形底座直徑5.7cm・金色）1組
布片　直徑10cm（作品中使用花朵刺繡的布片）
鋪棉　直徑5.7cm

＊工具＊
梭編用梭子 2個

＊完成尺寸＊
花片　縱3.5cm　橫4cm

＊作法＊
1. 編織花片。
2. 以布片包覆圓形底座＆鋪棉，黏貼於連鏡小粉盒上。
3. 將花片黏貼於布片上。

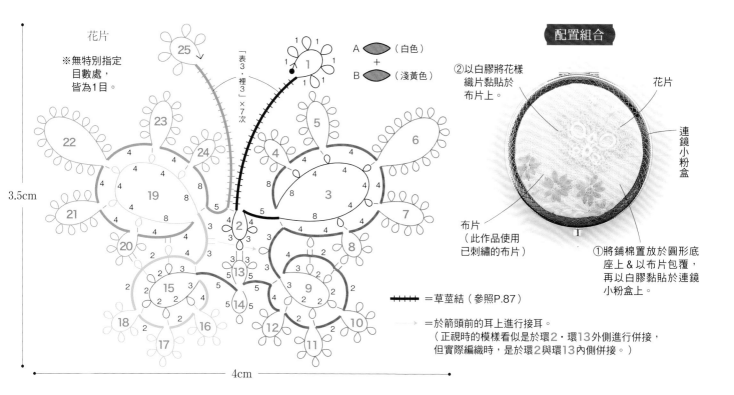

花片

※無特別指定
目數處，
皆為1目。

3.5cm

4cm

A ⬭（白色）
+
B ⬭（淺黃色）

「表3·裡3」×7次

配置組合

②以白膠將花樣
織片黏貼於
布片上。

花片

連鏡
小粉盒

布片
（此作品使用
已刺繡的布片）

①將鋪棉置於圓形底
座上＆以布片包覆，
再以白膠黏貼於連鏡
小粉盒上。

══════ ＝草莖結（參照P.87）

──▷ ＝於箭頭前的耳上進行接耳。
（正視時的模樣看似是於環2·環13外側進行併接，
但實際編織時，是於環2與環13內側併接。）

❶ 以梭子A編織環1。
❷ 進行翻轉，將梭子B的線掛於左手上，編織草莖結。
❸ 進行翻轉，稍微預留間隔，以梭子A編織環2。
❹ 將梭子A的線掛於左手上，編織5目的架橋。
❺ 稍微預留間隔，以梭子A編織環3。
❻ 進行翻轉，將梭子B的線掛於左手上，編織8目的架橋，進行梭線接耳。
❼ 以梭子B編織環4。
❽ 將梭子B的線掛於左手上，編織4目的架橋，進行梭線接耳。
❾ 以梭子B編織環5。
❿ 將梭子B的線掛於左手上，編織4目的架橋，進行梭線接耳。
⓫ 以梭子B編織環6。
⓬ 依步驟❽·❾（環7）·❿的順序，再次進行編織。
⓭ 以梭子B編織環8。
⓮ 將梭子B的線掛於左手上，編織「4目·耳·4目」的架橋，進行梭線接耳。
⓯ 進行翻轉，將梭子A的線掛於左手上，編織「3目·耳·3目」的架橋。
⓰ 稍微預留間隔，以梭子A編織環9。
⓱ 進行翻轉，將梭子B的線掛於左手上，編織4目的架橋，
　進行梭線接耳＆接耳。
⓲ 將梭子B的線掛於左手上，編織2目的架橋，進行梭線接耳＆接耳。
⓳ 將梭子B的線掛於左手上，編織2目的架橋，進行梭線接耳。
⓴ 以梭子B編織環10。
㉑ 依步驟⓳·⓴（環11）·⓳·⓴（環12）的順序，再次進行編織。
㉒ 將梭子B的線掛於左手上，編織4目的架橋，進行梭線接耳。
㉓ 進行翻轉，將梭子A的線掛於左手上，編織5目的架橋。
㉔ 以梭子A編織環13。

㉕ 進行翻轉，以梭子B編織環14。
㉖ 進行翻轉，將梭子A的線掛於左手上，編織5目的架橋。
㉗ 稍微預留間隔，以梭子A編織環15。
㉘ 進行翻轉，將梭子B的線掛於左手上，編織4目的架橋，進行梭線接耳。
㉙ 以梭子B編織環16。
㉚ 將梭子B的線掛於左手上，編織2目的架橋，進行梭線接耳。
㉛ 依步驟㉙（環17）·㉚·㉙（環18）·㉚的順序，再次進行編織。
㉜ 將梭子B的線掛於左手上，編織「耳·2目」的架橋，進行梭線接耳。
㉝ 將梭子B的線掛於左手上，編織「耳·4目」的架橋，進行梭線接耳。
㉞ 進行翻轉，將梭子A的線掛於左手上，編織「3目·與步驟⓯接耳·
　3目」的架橋。
㉟ 稍微預留間隔，以梭子A編織環19。
㊱ 進行翻轉，將梭子B的線掛於左手上，編織「4目·接耳·4目」
　的架橋，進行梭線接耳。
㊲ 以梭子B編織環20。
㊳ 將梭子B的線掛於左手上，編織4目的架橋，進行梭線接耳。
㊴ 以梭子B編織環21。
㊵ 將梭子B的線掛於左手上，編織4目的架橋，進行梭線接耳。
㊶ 以梭子B編織環22。
㊷ 依步驟㊳·㊴（環23）·㊵的順序，再次進行編織。
㊸ 以梭子B編織環24。
㊹ 將梭子B的線掛於左手上，編織8目的架橋，進行梭線接耳。
㊺ 進行翻轉，將梭子A的線掛於左手上，編織5目的架橋。
㊻ 進行翻轉，將梭子B的線掛於左手上，編織梭線接耳＆草莖結。
㊼ 進行翻轉，以梭子A編織環25。

P.17 26・27

＊使用線材＊

Olympus 梭編蕾絲線
26〈粗〉淺水藍色（T310）約18m
27〈中〉黑色（T218）約13m

＊其他材料＊

26 真皮製平繩（寬3mm・焦茶色）90cm
27 附釦頭的真皮圓繩
　　（直徑1.5mm・黑色×銀色）40cm

＊工具＊

梭編用梭子 1個

＊完成尺寸＊

26 花片　縱6cm　橫10.5cm
27 花片　縱4cm　橫8cm

＊作法＊

1. 編織花片。
2. 將皮繩穿過花片。

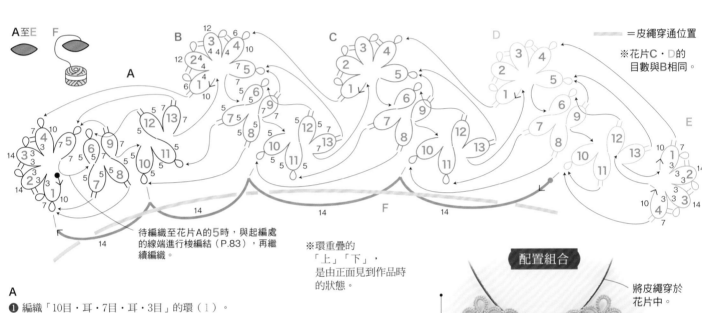

A至E　F

＝皮繩穿通位置

※花片C・D的
目數與B相同。

待編織至花片A的5時，與起編處
的線端進行梭編結（P.83），再繼
續編織。

※環重疊的
「上」「下」，
是由正面見到作品時
的狀態。

A

❶ 編織「10目・耳・7目・耳・3目」的環（1）。
❷ 接續編織2個「3目・接耳・14目・耳・3目」的環（2・3）。
❸ 編織「3目・接耳・7目・耳・10目」的環（4）。
❹ 編織「7目・耳・7目」的環（5），並將線端＆梭子線進行梭編結
（僅線端側作線頭處理）。
❺ 編織「5目・耳・5目」的環（6）。
❻ 進行翻轉，編織「5目・接耳・5目」的環（7）。※疊放於1的上方。
❼ 編織「5目・接耳・5目」的環（8）。※疊放於7的上方。
❽ 進行翻轉，編織「7目・接耳・7目」的環（9）。※於6的上方與5併接。
❾ 進行翻轉，接續編織2個「5目・耳・5目」的環（10・11）。
❿ 進行翻轉，編織「5目・接耳・5目」的環（12）。※於9的下方與6併接。
⓫ 編織「7目・接耳・7目」的環（13）。※於12的上方與5併接。

B・C

❶ 編織「10目・接耳・6目・耳・4目」的環（1）。
❷ 接續編織2個「4目・接耳・12目・耳・4目」的環（2・3）。
❸ 編織「4目・接耳・6目・耳・10目」的環（4）。
❹ 編織「7目・耳・7目」的環（5）。
❺ 編織「5目・耳・5目」的環（6）。
❻ 進行翻轉，接續編織2個「5目・接耳・5目」的環（7・8）。
❼ 進行翻轉，編織「7目・接耳・7目」的環（9）。※於6的上方與5併接。
❽ 進行翻轉，接續編織2個「5目・接耳・5目」的環（10・11）。
❾ 進行翻轉，編織「5目・接耳・5目」的環（12）。※於9的下方與6併接。
❿ 編織「7目・接耳・7目」的環（13）。※於12的上方與5併接。

配置組合

26 6cm
27 4cm

26 10.5cm
27 8cm

將皮繩穿於
花片中。

花片

D

❶至❼為止，皆依B・C的
相同方式編織。
❽ 進行翻轉，編織
「5目・耳・5目」的環（10）。
❾ 編織「5目・接耳・5目」的環
（11）。※疊放於10的下方。
❿ 進行翻轉，編織「5目・
接耳・5目」的環（12）。
※於9的下方與6併接。
⓫ 編織「7目・接耳・7目」
的環（13）。
※於12的上方與5併接。

E

❶ 編織「10目・接耳・7目・
耳・3目」的環（1）。
❷ 接續編織2個「3目・接耳・
14目・耳・3目」的環（2・3）。
❸ 編織「3目・接耳・7目・2次
翻摺接耳・10目」的環（4）。
❹ 於D的12・13之間，由背面
進行梭線接耳、梭邊結、
線端的收尾處理。

F

重複進行梭線接耳・「將線球
側的線掛於左手上，編織14目
的架橋」。

68

P.19 *31·32·33*

＊使用線材＊

Olympus 梭編蕾絲線
31 〈金蔥〉銀色（T401）約7m
32 〈細〉淺水藍色（T110）約8m
33 〈中〉淺米色（T203）約8m

＊其他材料＊

31 延長鍊（約6cm・銀色）1條
　　問號鉤（銀色）1個
　　C圈（5×3.5mm・銀色）2個
32 胸針（17mm・銀色）1個
　　施華洛世奇水晶珠
　　（#4120・8×6mm・水晶／F）1顆
　　爪台（#4120・8×6mm・銀色）1個

33 胸針（25mm・銀色）1個
　　施華洛世奇水晶珠
　　（#4128・10×8mm・水晶／F）1顆
　　爪台（#4128・10×8mm・銀色）1個

＊工具＊

梭編用梭子 2個

＊完成尺寸＊

31 長13.5cm
　　（不包含五金）
32 縱3cm　橫4cm
33 縱4.5cm　橫5cm

＊作法＊

1. 編織織帶。
2. 接上五金配件。
　（參照配置組合）

31 最後收尾
C圈接裝位置

編織「4目・接耳・9目」
的架橋。
編織「7目・接耳・7目・
耳・1目」的環。

A ◯ ＋ B ◯
━━ · ━━ ＝以梭子A編織。
━━ · ━━ ＝以梭子B編織。

織帶

※長耳尺寸皆為7mm。

31 13.5cm（5組花樣）　　*31* 結尾

31·33 1.4cm
32 1cm

9　4　4　4　7　7　4　4　5　4　7　4　8
8　4　4　5

32 12.4cm（6.5組花樣）
33 17.5cm

1組花樣
31·33 約2.7cm
32 約1.9cm

31 起編作法
C圈接裝位置
1　7
7
編織「1目・耳・7目・
耳・7目」的環。

配置組合

31
手環
問號鉤
C圈
織帶
C圈
延長鍊

32·33 胸針

①將織帶摺成蝴蝶結的
形狀，並於一處縫合
固定。
②以同色線自中央
捲繞2至3次。
32 2.5cm
33 3.5cm
織帶

背面
織帶
③於背面接縫上
胸針。

正面
④將施華洛世奇水晶珠
置於爪台上，縫合固定。

32 3cm
33 4.5cm

32 4cm
33 5cm

32·33

※ *31* 亦以相同方式編織
（起編&結尾另需參照織圖）。

❶ 以梭子A編織「8目・耳・7目」的環。
❷ 進行翻轉，將梭子B的線掛於左手上，
編織「9目・長耳・4目」的架橋。
❸ 進行翻轉，以梭子A編織「7目・接耳・4目・
長耳・4目」的環。
❹ 進行翻轉，以梭子B編織「4目・接耳・4目・
耳・7目」的環。
❺ 進行翻轉，將梭子A的線掛於左手上，
編織「4目・接耳・5目・長耳・4目」的架橋。
❻ 進行翻轉，以梭子B編織「7目・接耳・4目・
長耳・4目」的環。
❼ 進行翻轉，以梭子A編織「4目・接耳・4目・
耳・7目」的環。
❽ 進行翻轉，將梭子B的線掛於左手上，
編織「4目・接耳・5目・長耳・4目」的架橋。
❾ 重複4次步驟❸至❽、1次步驟❸至❼。
❿ 進行翻轉，將梭子B的線掛於左手上，
編織「4目・接耳・9目」的架橋。
⓫ 進行翻轉，以梭子A編織「7目・接耳・8目」
的環。

P.18 *28・29・30*

＊使用線材＊
Olympus 梭編蕾絲線
28〈中〉茶色（T204）約5m
29〈金蔥〉青銅色（T408）約5m
30〈粗〉米色（T303）約5m
　　茶色緞染線（T701）約3m

＊其他材料＊
28 蠟繩（1.2mm・茶色）70cm
　　橢圓C圈（1×3×4mm・仿古金色）1個
29 耳環五金（U字形・仿古鍍金）1組
　　單圈（直徑3mm・仿古鍍金）4個
30 蠟繩（1.2mm・茶色）75cm
　　橢圓C圈（1×3×4mm・仿古金色）1個

＊工具＊
梭編用梭子 2個
＊完成尺寸＊
花片
28 縱3.2cm　橫2.8cm
29 縱2.8cm　橫2cm
30 縱5cm　橫4.2cm
＊作法＊
1. 編織花片。
2. 接上五金＆蠟繩（僅限28・30）。

● ＝C圈接裝位置

28 至 30
花片
（28・30各1片　29為2片）

第1段
（30茶色緞染線）

第2・3段
（30米色）
A
＋
B

※28・29為單色。

28
3.2cm

29
2.8cm

30
5cm

※29至第2段為止。

29 2cm
28 2.8cm
30 4.2cm

＝表結7目的約瑟芬結。

配置組合

29 耳環

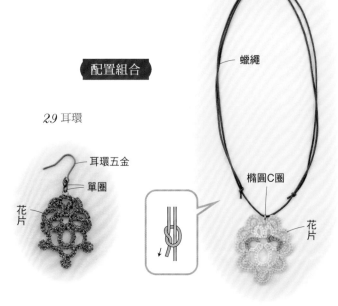

耳環五金
單圈
花片

蠟繩

橢圓C圈

花片

28・30 項鍊

〈第1段〉
❶ 編織「2目・耳・1目・耳・3目・耳・3目・耳・2目」的環。
❷ 編織「2目・接耳・3目・耳・3目・耳・1目・耳・2目」的環。
❸ 編織「2目・接耳・3目・耳・3目・耳・2目・耳・3目」的環。
❹ 編織「3目・接耳・5目・耳・4目・耳・5目・耳・3目」的環。
❺ 編織「3目・接耳・2目・耳・3目・耳・3目・2次翻摺接耳・2目」的環。
〈第2段〉
❶ 以梭子A於前段的耳上進行梭線接耳。
❷ 將梭子B的線掛於左手上，編織「1目・耳・1目」的架橋，
　　並於前段的耳上進行梭線接耳。
❸ 將梭子B的線掛於左手上，編織4目的架橋，並於前段的耳上進行梭線接耳。
❹ 重複2次步驟❸。

❺ 將梭子B的線掛於左手上，編織3目的架橋。
❻ 依環編的要領，將梭子B的線掛於左手上，
　　編織表結7目的約瑟芬結。
❼ 將梭子B的線掛於左手上，編織3目的架橋。
❽ 於前段的耳上進行梭線接耳。
❾ 重複2次步驟❺至❽。
❿ 重複3次步驟❸。
〈第3段〉
❶ 進行左右翻面，並依裡結的要領編結1次（參照P.56步驟9至12）。
❷ 保持梭子B的線掛於左手上的狀態，編織7目的架橋，
　　並於前段的梭線接耳上方進行梭線接耳。
❸ 重複2次步驟❷。
❹ 編織10目的架橋，並於前段的梭線接耳上方進行梭線接耳。
❺ 編織12目的架橋，並於前段的梭線接耳上方進行梭線接耳。
❻ 重複1次步驟❹。
❼ 重複3次步驟❷。

花片的作法

梭線接耳（於段的最初接線）

第2段最初是由第1段的耳中，將距離梭子A的線端約15cm處往外鉤出後，進行梭線接耳。

梭線接耳編織完成後，將梭子B的線掛於左手上，繼續往前編織第2段。

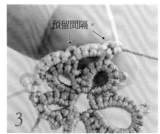

第2段編織至中途。28・30於梭線接耳之後，稍微預留間隔&編織結目（為了在第3段可於此間隔中再進行梭線接耳）。

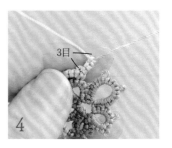

編織至約瑟芬結前側3目的架橋。

約瑟芬結

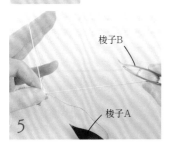

梭子A暫時休織，並將梭子B的線掛於左手上，維持環編的基本姿勢。

繼續編織7目表結。由於結目容易出現扭轉現象，因此建議每編織1目，一邊以左手按住，一邊進行編織。

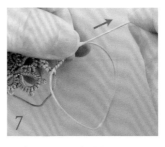

一邊以左手確實按住最後編好的結目，一邊束緊梭子B的線。

約瑟芬結編織完成。

梭線接耳（於前段的梭線接耳上方進行併接）

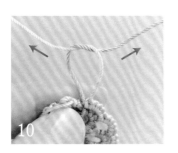

將梭子B的線掛於左手上，並以梭子A編織接續的架橋。

第3段則將花片翻至背面，依裡結的要領，編結1次之後，再開始編織（參照P.56步驟9至12）。

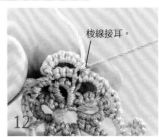

第3段是於第2段的梭線接耳上方（步驟3中預留的間隔）再進行梭線接耳。

第3段梭線接耳編織完成。

使用線材

Olympus 梭編蕾絲線

34 〈細〉白色（T101） 約6m

35 〈中〉茶色（T204） 約5m

36 〈細〉紅色（T117） 約9m

其他材料

34 附釦頭鍊條（仿古鍍金）40cm

　　9針（15mm・仿古鍍金）2支

　　珍珠（4mm・白色）2顆

35 T針（20mm・仿古鍍金）2支

　　珍珠（4mm・白色）1顆

　　淡水珍珠（約7.5×5.5mm・白色）1顆

　　包釦五金（直徑48mm）1組

　　胸針（30mm）1個

　　布片　直徑8cm

36 耳環五金（U字形・仿古鍍金）1組

　　單圈（3mm・仿古鍍金）7個

　　鍊條（仿古鍍金）14cm

　　T針（15mm・仿古鍍金）2支

　　珍珠（4mm・白色）2顆

工具

梭編用梭子 1個

完成尺寸

34 花片　縱3.7cm　橫4.6cm

35 直徑4.8cm

36 長約8cm（不包含耳環五金）

作法

34・36

1. 編織花片。

2. 接上五金＆珍珠。

35

1. 編織花片。

2. 接裝上五金＆珍珠。

3. 以布片包覆包釦五金，
　 並黏貼上花片。

4. 於背面接縫上胸針。

34・35・36
花片A

（ *34・35* 各1片
　 36 2片）

★・☆
＝

34 花片B拼接位置

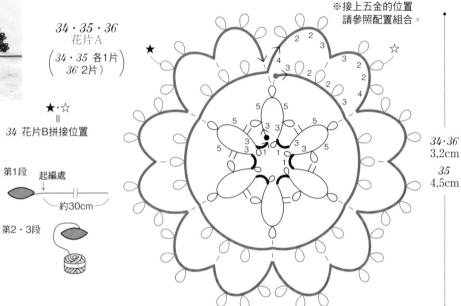

※接上五金的位置
請參照配置組合。

第1段　起編處↓
約30cm

第2・3段

34・36
3.2cm

35
4.5cm

花片A

〈第1段〉

※自距離線端約30cm處開始編織。

❶ 編織「3目・耳・5目・耳・5目・耳・3目」的環。

❷ 進行翻轉，將線端的線掛於左手上，
　 編織「小耳・1目」的架橋。

❸ 進行翻轉，編織「3目・接耳・5目・耳・5目・
　 耳・3目」的環。

❹ 重複4次步驟❷與❸（最後的環編織「3目・
　 接耳・5目・耳・5目・2次翻摺接耳・3目」）。

❺ 進行翻轉，編織「小耳・1目」的架橋。

〈第2段〉

❶ 於第1段的耳上進行梭線接耳。

❷ 編織「3目・耳・2目・耳・2目・耳・
　 3目」的架橋。

❸ 重複步驟❶與❷。

〈第3段〉

❶ 編織「4目・耳・2目・耳・2目・耳・
　 3目」的架橋。

❷ 於第2段的耳上進行梭線接耳。

❸ 編織「3目・耳・2目・耳・2目・耳・
　 4目」的架橋。

❹ 於第2段的梭線接耳上方進行梭線接耳。

❺ 重複步驟❶至❹。

34・36 花片B・C

（ *34* 花片B 2片
　 36 花片B 2片・花片C 1片 ）

起編處
約30cm

※花片C依相同作法，在花片B的
　2目之處編織「3目」，8目之處編織「10目」。

※五金接連位置請參照配置組合。

花片B

（花片C亦依相同作法以指定的目數編織）

※自距離線端約30cm處開始編織。

❶ 編織「2目・耳・8目・耳・2目」的環。

❷ 進行翻轉，將線端的線掛於左手上，
　 編織「小耳・1目」的架橋。

❸ 進行翻轉，編織「2目・接耳・8目・耳・
　 2目」的環。

❹ 重複4次步驟❷與❸（最後的環編織「2目・
　 接耳・8目・2次翻摺接耳・2目」）

❺ 進行翻轉，編織「小耳・1目」的架橋。

僅作品34於編織最後的
環時，於花片A的☆
或★處進行接耳。

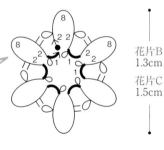

花片B
1.3cm

花片C
1.5cm

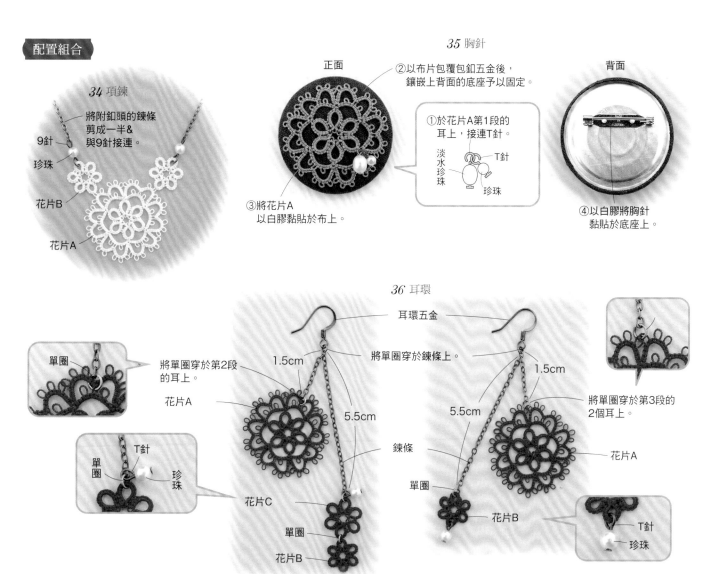

配置組合

34 項鍊

將附釦頭的鍊條
剪成一半&
與9針接連。

9針
珍珠
花片B
花片A

35 胸針

正面

②以布片包覆包釦五金後，
鑲嵌上背面的底座予以固定。

①於花片A第1段的
耳上，接連T針。

淡水
珍珠

T針

珍珠

③將花片A
以白膠黏貼於布上。

背面

④以白膠將胸針
黏貼於底座上。

36 耳環

耳環五金

將單圈穿於鍊條上。

1.5cm

單圈

將單圈穿於第2段
的耳上。

花片A

T針

單圈

珍珠

5.5cm

鍊條

花片C

單圈

花片B

將單圈穿於第3段
的2個耳上。

1.5cm

5.5cm

花片A

單圈

花片B

T針

珍珠

花片A・B・C的第1段

「小耳・1目」的架橋

1

將環進行翻轉，並將線端側
掛於左手上。

環
（背面）

2

預留間隔，編織1目的架橋，再
將結目挪近至環的根部。

將結目挪近。

3

「小耳・1目」的架橋編織完
成。

小耳

1目

第1段的收尾方法

4

背面

最初
的
小耳

線端側

第1段的最後，是將線端側的
線穿入最初的小耳之中，並於
背面進行梭編結。

37

38

P.22・P.23 *37・38*

使用線材
Olympus 梭編蕾絲線
37 〈中〉白色（T201）約1m
　　〈中〉茶色（T204）約5m
　　〈金蔥〉粉紅色（T403）約6m
38 〈中〉原色（T202）約6m
　　〈中〉粉紅色（T216）約6m

其他材料
37 附釦頭鍊條（仿古鍍金）45cm
38 蘇格蘭帶圈別針（附3圈・54mm・仿古鍍金）1個
　　單圈（直徑4mm・金色）7個
　　C圈（4×3mm・金色）2個
　　C圈（3×2mm・金色）2個
　　鍊條（金色）37cm
　　T針（25mm・金色）1支
　　大圓珠（霧面銀）1顆
　　木珠（14mm・白色）1顆

工具
梭編用梭子　*37*　3個
　　　　　　38　2個

完成尺寸
花片　直徑5.5cm

作法
1. 製作花片。
2. 接上五金等配件（參照配置組合）。

配置組合

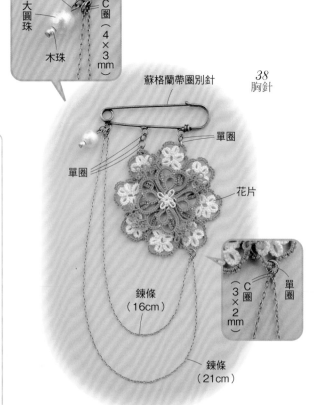

正面　　附釦頭鍊條
　　　　　　　　　　　　37
　　　　　　　　　　　　項鍊
　　　　　　　　花片

背面
　　　　　將鍊條穿於
　　　　　花片中。

單圈
T針
大圓珠
　　　　　　C圈
　　　　　　（4×3mm）
木珠

蘇格蘭帶圈別針
　　　　　　　　　　38
　　　　　　　　　　胸針
　　　　　　　單圈
單圈
　　　　　　　花片

C圈
（3×2mm）
單圈

鍊條
（16cm）

鍊條
（21cm）

五金配件的使用方法

— 單圈・C圈 —

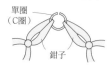

單圈
（C圈）
　　　　　鉗子

單圈接縫朝上，
以鉗子夾住。

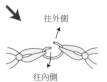

往外側
往內側

將左手往內轉，右手往外轉，
打開接縫處。將配件等物品穿
入已打開的接縫中，再次逆向
轉動，關閉接縫處。

如果像✕圖示般往左右
打開，將無法漂亮地重
新接合成圈狀，請特別
注意！

○　　✕

— T針・9針 —

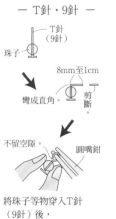

T針
（9針）
珠子

8mm至1cm
彎成直角　　剪斷。

不留空隙　　圓嘴鉗

將珠子等物穿入T針
（9針）後，
將前端繞成圈狀。

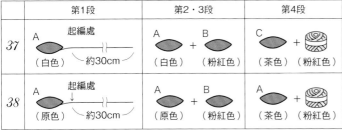

	第1段	第2・3段		第4段	
37	A 起編處 （白色）　約30cm	A （白色）	+	B （粉紅色）	C （茶色）	+ （粉紅色）
38	A 起編處 （原色）　約30cm	A （原色）	+	B （粉紅色）	A （茶色）	+ （粉紅色）

※長耳皆為4mm。

●＝38 單圈接連位置

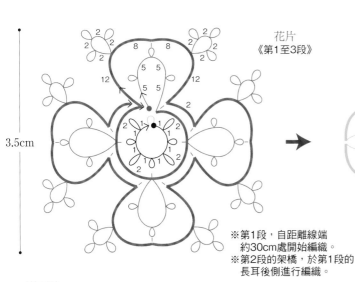

花片
《第1至3段》

3.5cm

※第1段，自距離線端
　約30cm處開始編織。
※第2段的架橋，於第1段的
　長耳後側進行編織。

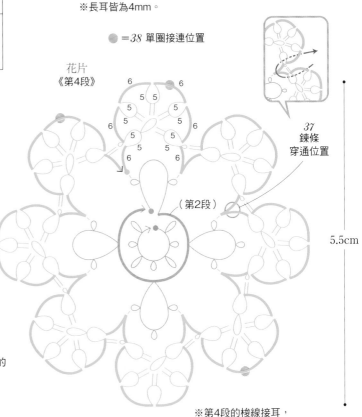

花片
《第4段》

（第2段）

37
鍊條
穿通位置

5.5cm

※第4段的梭線接耳，
　於第3段的後側併接於
　第2段的耳上。

〈第1段〉
※自距離線端約30cm處開始編織。
❶ 以梭子A編織「『1目・長耳・1目・耳』×3次・1目・
　長耳・1目」的環。
❷ 將線端的線掛於左手上，編織「假耳」（參照P.65）。
　※本作品不必將環翻面，直接編織「假耳」即可。
　（一般是在翻面的狀態下進行編織）
〈第2段〉
❶ 以梭子B編織「『5目・耳』×3次・5目」的環。
❷ 將梭子B的線掛於左手上，添放上第1段，編織2目的架橋&
　進行梭線接耳。
❸ 重複2次步驟❶與❷。
❹ 以梭子B編織「『5目・耳』×3次・5目」的環。
❺ 將梭子B的線掛於左手上，編織2目的架橋，
　並將同色線進行梭編結。
〈第3段〉
❶ 將梭子B的線掛於左手上，編織12目的架橋。
❷ 以梭子B編織「『2目・長耳』×3次・2目」的環。
❸ 將梭子B的線掛於左手上，編織8目的架橋，進行梭線接耳。
❹ 將梭子B的線掛於左手上，編織8目的架橋。
❺ 以梭子B編織「『2目・長耳』×3次・2目」的環。
❻ 將梭子B的線掛於左手上，編織12目的架橋，進行梭線接耳。
❼ 將梭子B的線掛於左手上，編織2目的架橋，進行梭線接耳。
❽ 重複3次步驟❶至❼（第3次的最後是將所有的同色線
　進行梭編結，並進行線端的收尾處理）。

〈第4段〉
※38 是將梭子C改以梭子A來編織。
❶ 以梭子C於第2段的耳上進行梭線接耳。
❷ 將線球側的線掛於左手上，編織6目的架橋。
❸ 進行翻轉，以梭子C編織「5目・長耳・5目」的環。
❹ 進行翻轉，將線球側的掛於左手上，編織「小耳・6目」的架橋。
❺ 進行翻轉，以梭子C編織「5目・接耳・5目」的環。
❻ 進行翻轉，將線球側的線掛於左手上，編織6目的架橋。
❼ 重複2次步驟❺與❻。
❽ 進行翻轉，以梭子C編織「5目・接耳・5目」的環。
❾ 進行翻轉，將線球側的線掛於左手上，編織「小耳・6目」的架橋，
　並於第2段的耳上進行梭線接耳。
❿ 將線球側的線掛於左手上，編織6目的架橋。
⓫ 進行翻轉，以梭子C編織「5目・長耳・5目」的環。
⓬ 進行翻轉，將線球側的線掛於左手上，編織「接耳・6目」的架橋。
⓭ 重複6次步驟❺至⓬。
⓮ 重複3次步驟❺與❻。
⓯ 進行翻轉，以梭子C編織「5目・接耳・5目」的環。
⓰ 進行翻轉，將線球側的線掛於左手上，編織「2次翻摺接耳・6目」的架橋，
　再將所有的同色線進行梭編結，並進行線端的收尾處理。

P.24 *39·40·41*

＊使用線材＊

Olympus 梭編蕾絲線〈細〉
3.9 淺米色（T103）約3.5m
40 白色（T101）約7m
41 黃綠色（T112）約3.5m

＊其他材料＊

3.9 附包釦五金的胸針底座
　　（42×31mm・橢圓形・銀色）1個
　　T針（15mm・仿古鍍銀）1支
　　珍珠（4mm・白色）1顆
　　布片　8×6cm
40 耳環五金（U字形・銀色）1組
　　9針（20mm・銀色）2支
　　淡水珍珠（約7.5×5.5mm・白色）2顆
　　緞帶（寬4mm・原色）30cm
41 附釦頭鍊條（仿古金色）40cm
　　C圈（4×3mm・仿古金色）1個
　　T針（15mm・仿古鍍金）1支
　　珍珠（4mm・白色）1顆
　　玻璃紗緞帶（寬3mm・黃色）15cm

＊工具＊

梭編用梭子 2個

＊完成尺寸＊

花片　縱5.5cm　橫3.2cm

＊作法＊

3.9
1. 編織花片。
2. 以布片包覆包釦五金後，
　黏貼於胸針底座上。
3. 於花片上接連T針與珠子，
　並黏貼於布片上。

40·41
1. 編織花片。
2. 接上五金等配件（參照配置組合）。

配置組合

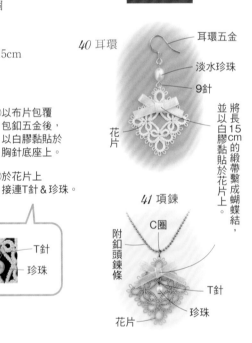

40 耳環
　耳環五金
　淡水珍珠
　9針
　花片
　將長15cm的緞帶繫成蝴蝶結，並以白膠黏貼於花片上。

41 項鍊
　C圈
　附釦頭鍊條
　T針
　珍珠
　花片

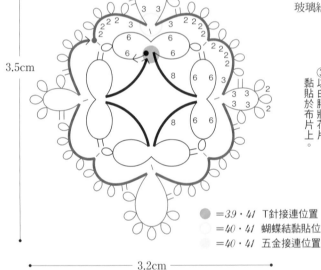

3.9·40·41
花片
（*3.9·41* 各1片）
（*40* 2片）

3.5cm

3.2cm

第1段　第2段
A　+　B

●=*3.9·41* T針接連位置
○=*40·41* 蝴蝶結黏貼位置
○=*40·41* 五金接連位置

3.9 胸針
①以布片包覆包釦五金後，以白膠黏貼於胸針底座上。
②於花片上接連T針＆珍珠。
③以白膠將花片黏貼於布片上。
花片
T針
珍珠

〈第1段〉
❶ 接續編織2個「6目・耳・6目」的環。
❷ 進行翻轉，將線球側的線掛於左手上，編織8目的架橋。
❸ 進行翻轉，編織「6目・接耳・6目」的環。
❹ 編織「6目・耳・6目」的環。
❺ 重複1次步驟❷至❹。
❻ 進行翻轉，將線球側的線掛於左手上，編織8目的架橋。
❼ 進行翻轉，編織「6目・接耳・6目」的環。
❽ 編織「6目・2次翻摺接耳・6目」的環。
❾ 進行翻轉，將線球側的線掛於左手上，編織8目的架橋。

〈第2段〉
❶ 以梭子A於第1段的耳上進行梭線接耳。
❷ 將梭子B的線掛於左手上，編織「『2目・耳』×4次・3目」的架橋。
❸ 於第1段的環與環之間進行梭線接耳。

❹ 以梭子B編織「3目・接耳・3目・耳・『2目・耳』×4次・3目・耳・3目」的環。
❺ 將梭子B的線掛於左手上，編織「3目・接耳・『2目・耳』×3次・2目」的架橋。
❻ 於前段的耳上進行梭線接耳。
❼ 將梭子B的線掛於左手上，編織「『2目・耳』×4次・3目」的架橋。
❽ 於第1段的環與環之間進行梭線接耳。
❾ 以梭子B編織「3目・接耳・3目・耳・『2目・耳』×2次・3目・耳・3目」的環。
❿ 將梭子B的線掛於左手上，編織「3目・接耳・『2目・耳』×3次・2目」的架橋。
⓫ 於前段的耳上進行梭線接耳。
⓬ 重複1次步驟❷至⓫。

P.25 *42*

＊使用線材＊
Olympus 梭編蕾絲線〈中〉
粉紅色（T216）約50m

＊其他材料＊
Olympus 緣飾花邊用手帕
（約25×25cm・EH-13・粉紅色）1條

＊工具＊
梭編用梭子 2個

＊完成尺寸＊
縱約29.5cm　橫約29.5cm

＊作法＊
一邊將蕾絲線掛接於手帕的網目上，
一邊編織緣飾。

第1段　第2段

緣飾

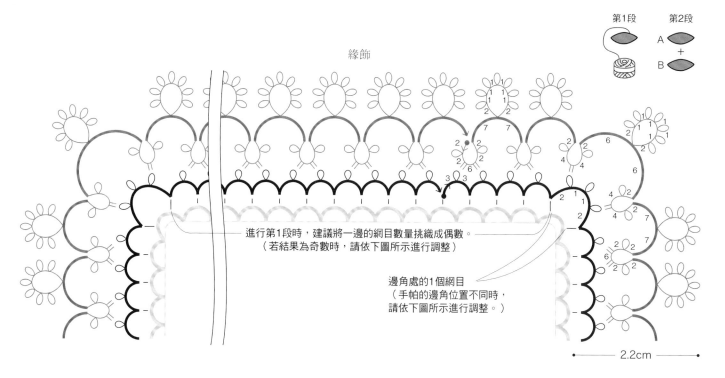

進行第1段時，建議將一邊的網目數量挑織成偶數。
（若結果為奇數時，請依下圖所示進行調整）

邊角處的1個網目
（手帕的邊角位置不同時，
請依下圖所示進行調整。）

2.2cm

〈第1段〉
❶ 於手帕的網目上進行梭線接耳。
❷ 將線球側的線掛於左手上，編織「3目・耳・3目」
　 的架橋。
❸ 重複步驟❶與❷（邊角的架橋為編織「2目・耳・
　 『1目・耳』×2次・2目」）。

〈第2段〉
❶ 以梭子A編織「2目・耳・2目・與前段接耳・
　 6目・與前段接耳・2目・耳・2目」的環。
❷ 進行翻轉，將梭子B的線掛於左手上，
　 編織7目的架橋。
❸ 以梭子B編織「2目・耳・『1目・耳』×6次・
　 2目」的環。
❹ 將梭子B的線掛於左手上，編織7目的架橋。
❺ 進行翻轉，以梭子A編織「2目・耳・2目・
　 與前段接耳・6目・與前段接耳・2目・
　 耳・2目」的環。
❻ 重複步驟❷至❺（邊角的部分更改成指定的
　 目數進行編織）。

在手帕上掛線的方法

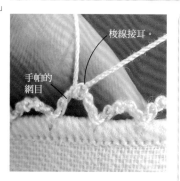

梭線接耳。

手帕的
網目

於手帕的網目上進行梭線接耳。

－ POINT －

因各家商品不同，可能會出現手帕的網目數量或邊角位置與上圖
有所差異的情況，因此請一邊挑織第1段，一邊進行調整。

●當一邊的網目數量
　為奇數時

跳過

取一布邊，僅於一處編織
「4目・耳・4目」的架橋
&跳過手帕的1目網目後，
作成偶數。

●當邊角的位置不同時

邊角的
1目網目

P.26・P.27 *43・44・45*

＊使用線材＊
Olympus 梭編蕾絲線
43〈細〉白色（T101）約2m
　　　祖母綠（T113）約5m
　　　黑色（T118）約2m
44〈中〉白色（T201）約3m
　　　深粉紅色（T215）約6m
　　　黑色（T218）約2m
45〈中〉白色（T201）約3m
　　　黑色（T218）約8m

＊其他材料＊
43 胸針底座（直徑15mm・仿古鍍金）1個
　　　緞帶（寬5mm）20cm
44・45 胸針底座（直徑29mm・仿古鍍金）1個
　　　緞帶（寬5mm）20cm
＊工具＊
梭編用梭子 2個
＊完成尺寸＊
花片部分 *43* 直徑2.4cm
　　　　　44・45 直徑3.5cm
＊作法＊
1. 製作花片。
2. 接上五金＆蝴蝶結。

第1・3段　　第2・4段
A　　　　　　B
（a色）　　　（b色）
＋
（b色）

※第3・4段是一邊看著
第1・2段的架橋背面，
一邊進行編織。
（參照P.79）

*43*至*45*
花片A

裡1目　裡1目　裡3目　裡1目　裡1目

Ɩ＝長耳
（7mm）

43
2.4cm

44・45
3.5cm

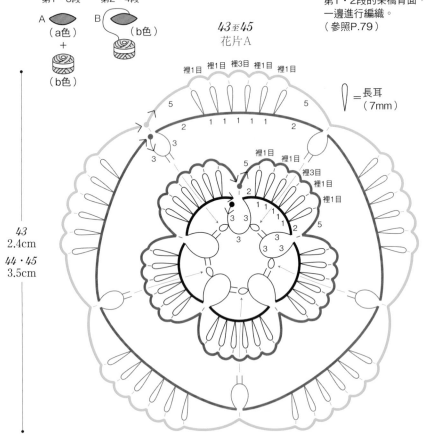

花片A
〈第1段〉
❶ 以梭子A編織「3目・耳・3目・耳・3目」的環。
❷ 進行翻轉，將線球側的線掛於左手上，編織「2目・
　『長耳・1目』×5次・長耳・2目」的架橋。
❸ 進行翻轉，編織「3目・接耳・3目・耳・3目」的環。
❹ 重覆3次步驟❷與❸（最後的環編織「3目・接耳・
　3目・2次翻摺接耳・3目」的環）。
❺ 重覆1次步驟❷。
〈第2段〉
❶ 以梭子B於前段進行梭線接耳。
❷ 編織5目的架橋，進行梭線接耳。
❸ 編織「裡結1目・梭線接耳」×2次。
❹ 編織裡結3目，進行梭線接耳。
❺ 編織「裡結1目・梭線接耳」×2次。
❻ 編織5目的架橋，進行梭線接耳。
❼ 重覆4次步驟❷至❻。
〈第3段〉
❶ 以梭子A編織「3目・與第1段接耳・3目」的環。
❷ 進行翻轉，將線球側的線掛於左手上，編織「2目・
　『長耳・1目』×5次・長耳・2目」的架橋。
❸ 進行翻轉，編織「3目・與第1段接耳・3目」的環。
❹ 重覆3次步驟❷與❸＆1次步驟❷。
〈第4段〉
依第2段的相同作法，一邊與第3段併接，一邊進行編織。

花片B
接續編織5個表結10目的「約瑟芬結」。

配色

	a色	b色
43		祖母綠
44	白色	深粉紅色
45		黑色

*43*至*45*
花片B

（黑色）

Ɩ＝表結10目
約瑟芬結。
※接續編織5個。

43 　正面　 *44·45*　　　　　　　　　　　　　*43*　 背面　 *44·45*

花片B
花片A

①以白膠將花片B黏貼於花片A的中央。

緞帶

③以白膠將花片黏貼於胸針底座上。

胸針底座

②將緞帶繫成蝴蝶結，並黏貼於胸針底座上。

花片A的作法

第2段

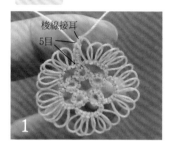

梭線接耳
5目

1 編織5目的架橋後，進行梭線接耳。

2 編織1目的裡結。

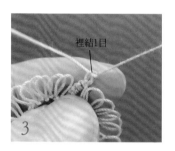

裡結1目

3 將裡結挪至梭線接耳的邊緣。

梭線接耳。

4 先以左手牢牢按住，以免裡結鬆弛，再進行下一個梭線接耳。

第3段

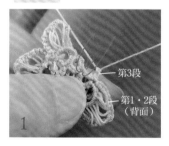

第3段
第1·2段（背面）

1 編織第3段的環的最初3目。以看著第1·2段架橋背面的狀態，先將花瓣倒向外側。將第1·2段疊放於中心線上，並由第1段的耳中鉤出中心線。

2

接耳。

3 將梭子穿過鉤出的線圈之中，接耳編織完成。

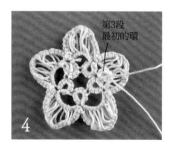

第3段最初的環

4 編織最初的環剩餘的3目，並將環的線圈束緊。

P.28・P.29 *46・47・48*

使用線材
Olympus 梭編蕾絲線〈中〉
46 原色（T202）約12m
　　淺粉紅色（T207）約1m
　　淺綠色（T209）約1m
47 淺綠色（T209）約12m
48 淺粉紅色（T207）約12m

其他材料
46 拉舍爾花邊蕾絲（寬25mm・白色）20cm
　　附問號鉤的鍊條（仿古金色）20cm
　　單圈（5mm・仿古金色）1個
　　大圓珠（珍珠白）1顆
　　皮繩夾（10mm・仿古金色）1個
47・48 拉舍爾花邊蕾絲（寬25mm・白色）20cm
　　胸針（20mm・仿古金色）1個
　　緞帶（寬3mm・原色）25cm

工具
梭編用梭子 2個

完成尺寸
花片　縱4.5cm　橫5cm

作法
46
1. 編織主體&肩帶。
2. 編織花片&葉子花片，
　並接縫固定。
3. 加上蕾絲&五金。
47・48
1. 編織主體&肩帶。
2. 加上蕾絲&五金&緞帶。

46 葉子花片
淺綠色

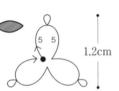

葉子花片
接續編織3個「5目・耳・5目」的環。

5 5

1.2cm

46 花片　淺粉紅色

《第1段》　《第2段》

4 2 2

5 3 3

1cm

※不剪線，直接於
第1段的外側，
接續編織第2段。

花片
〈第1段〉
❶ 編織「2目・耳・4目・耳・2目」的環。
❷ 編織「2目・接耳・4目・耳・2目」的環。
❸ 編織「2目・接耳・4目・2次翻摺接耳・2目」的環。
〈第2段〉
❶ 編織「3目・耳・5目・耳・3目」的環。
❷ 接續編織2個「3目・接耳・5目・耳・3目」的環。
❸ 編織「3目・接耳・5目・2次翻摺接耳・3目」的環。

前面

附問號鉤的
鍊條

①將肩帶繫於主體
的接縫位置上。

肩帶

花片

主體

葉子花片

46
鍊條

③於花朵織片的中央接縫上珠子&
疊放於葉子花片上後，縫合固定於主體上。

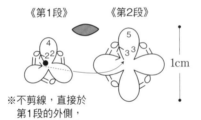

背面

單圈

皮繩夾

②將拉舍爾花邊蕾絲
縫製完成後，
接縫固定於
主體內側。

配置組合

47・78 胸針
※①與②依46的相同作法製作。

前面

肩帶

主體

③於主體上纏繞緞帶
&繫成蝴蝶結。

背面

④將別針
接縫固定。

4.5cm

5cm

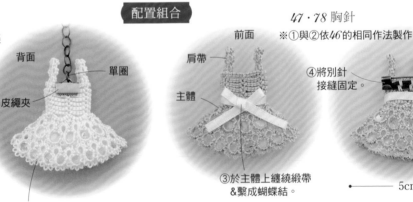

細針目縫合，
拉縫線&抽細褶。

0.1cm

重疊1cm。

拉舍爾花邊蕾絲

套入主體的
內側，低調地
縫合固定於
第7段。

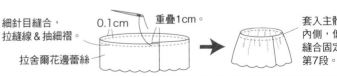

80

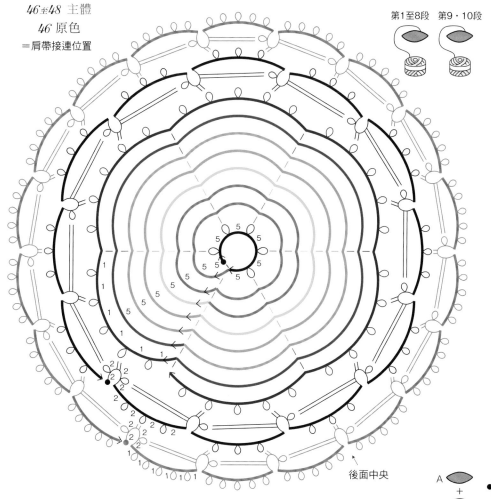

46至48 主體
46' 原色
● =肩帶接連位置

第1至8段　第9・10段
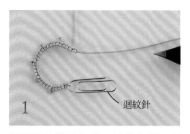

後面中央

第1段的作法

1　迴紋針

將迴紋針掛於梭子＆線球之間，並將迴紋針拿在左手上，編織架橋。

2　之前迴紋針穿過的孔眼

第1段的最後，取下迴紋針，並於之前迴紋針穿過的孔眼中進行梭線接耳。

46至48 肩帶（2片）

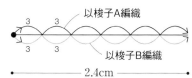

以梭子A編織
A
＋
B
以梭子B編織
3　3　3　3
2.4cm

肩帶
以梭子A與B每次各編織6個3目的分裂環（參照P.88）。
※最初＆最後的線端請各預留約15cm長，並繫於主體上。

主體
〈第1段〉
將迴紋針掛於梭子＆線球之間，編織「『5目・耳』
×5次・5目」的架橋，進行梭線接耳。
〈第2段〉
❶ 將線球側的線掛於左手上，編織5目的架橋，
　進行梭線接耳。
❷ 重複5次步驟❶。
〈第3至7段〉
依第2段的相同方式，不剪線地繼續編織。
〈第8段〉
❶ 將線球側的線掛於左手上，編織「『1目・耳』
　×5次・1目」的架橋，進行梭線接耳。
❷ 重複5次步驟❶。
〈第9段〉
❶ 編織「2目・耳・2目・接耳・2目・耳・2目」的
　環。
❷ 進行翻轉，將線球側的線掛於左手上，
　編織「『2目・耳』×3次・2目」的架橋。

❸ 進行翻轉，編織「『2目・接耳』×2次・2目・耳・2目」的環。
❹ 進行翻轉，將線球側的掛於左手上，編織「『2目・耳』×3次・2目」的架橋。
❺ 重複9次步驟❸與❹。
❻ 進行翻轉，編織「『2目・接耳』×3次・2目」的環。
❼ 進行翻轉，將線球側的線掛於左手上，編織「『2目・耳』×3次・2目」的架橋。
〈第10段〉
❶ 編織「2目・耳・2目・接耳・2目・耳・2目」的環。
❷ 進行翻轉，將線球側的線掛於左手上，編織「『1目・耳』×5次・1目」的架橋。
❸ 進行翻轉，編織「『2目・接耳』×2次・2目・耳・2目」的環。
❹ 進行翻轉，將線球側的線掛於左手上，編織「『1目・耳』×5次・1目」的架橋。
❺ 重複15次步驟❸與❹。
❻ 進行翻轉，編織「『2目・接耳』×3次・2目」的環。
❼ 進行翻轉，將線球側的線掛於左手上，編織「『1目・耳』×5次・1目」的架橋。

其他技法

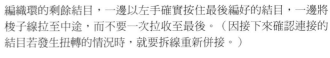

2次翻摺接耳

將花片最後的環併接於最初的環上時，只要利用此一技法併接，連接的結目就不會發生扭轉的情況。
（為了更淺顯易懂，因此僅將最初的環改以不同色線進行解說。）

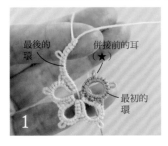

1

編織至花片最後環的接耳前為止。

2

先將掛於左手上的環充分擴大，並以左手按住最後編好的結目。

3

將右手的手背轉向面前，以大拇指＆食指捏住最初環的耳（★），並依箭頭所示，往外側翻摺。

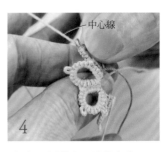

4

捏住耳置於中心線的上方。

5

暫時將左手大拇指抽出後，由已翻摺的花片上方重新捏住，並放開右手。此為翻摺1次的狀態。

6

再翻摺一次。將右手的手背轉向面前，以大拇指＆食指捏住耳（★），並依箭頭所示，往外側翻摺。

7

再次將捏住的耳（★）置於中心線的正上方，最初的環即呈現往外側翻摺的模樣。

8

此為翻摺2次的狀態。以梭子的尖角依箭頭所示，由耳（★）中挑出中心線。

9

將線由耳中鉤出，拉長擴大成線圈後，讓梭子穿過去。

10

接耳編織完成。

11

編織環的剩餘結目，一邊以左手確實按住最後編好的結目，一邊將梭子線拉至中途，而不要一次拉收至最後。（因接下來確認連接的結目若發生扭轉的情況時，就要拆線重新併接。）

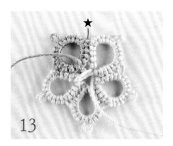

13
將已摺好的環攤開，整理花片的形狀。

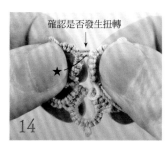

確認是否發生扭轉

14
確認接耳處是否有扭轉的情況發生。

15
若無問題，再次一邊按住最後已編好的結目，一邊拉動梭子線，將環的線圈束緊。

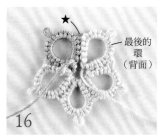

最後的環（背面）

16
「2次翻摺接耳」編織完成。

梭編結

※當出現2條線端時，將最初&最後的各1條線，分別進行梭編結（參照P.53）。
※為了更淺顯易懂，在此改以不同色線進行解說。

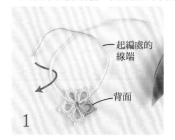

起編處的線端
背面

1
將作品翻至背面，將起編處的線端交叉於收編處（梭子側）的線的上方，並依箭頭所示，纏繞1次。

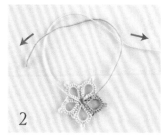

2
纏繞1次後，將左右兩側的線拉緊。

3
將線拉緊。

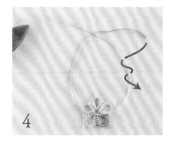

4
再次將起編處的線端交叉於收編處（梭子側）的線的上方，進行纏繞2次。

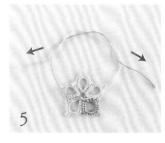

5
纏繞2次後，將左右兩側的線拉緊。

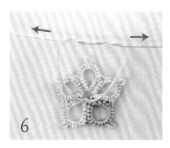

6
為了使結目漂亮地完成，請慢慢地拉線。

7
只要均等地拉動兩側的線，2個結目就會逐漸由左右往中央挪動。

8
梭編結完成！

線頭的處理方法　※將線端縫入的方法參照P.59。

1
預留約0.2至0.3cm的線端後，剪線。

2
於梭編結的結目＆線端上，分別塗上少量的白膠。

3
以牙籤等尖銳物輔助，將線端藏入花片的背面，予以固定。

4
待白膠完全乾燥＆呈現透明狀，完成！

作品的最後處理

以熨斗燙平＆整理形狀，再於作品上噴上噴膠，即可預防變形或污損。

─ POINT ─

背面

想要表現出強度時，可將蝶谷巴特最後塗封專用的保護面漆裝入指甲油空瓶裡，少量塗擦於作品的背面。待完全乾燥並確認手感之後，可依喜好重複塗擦，或於表側塗擦亦可。

編結錯誤的拆線要領

〈環〉（擴大環的線圈）

待拉緊環後才發現編結錯誤時，先將環的線圈擴大之後，再拆解結目。

1
最後的耳
將最後編好的耳的左右結目與結目之間（☆）打開。

2
看著環的正面，以雙手確實按住耳的左右結目，依箭頭方向拉開右側的結目。

3
結目與結目之間（☆）已經打開了！將梭子的尖角掛於作為芯線的線上。

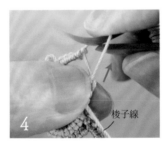

4
梭子線
先牢牢按住步驟2中已拉開的結目，並拉出掛於梭子上的線（此時梭子線則被順勢拉了進去）。

5
梭子線
待拉出至某種程度時，將環的根部（★）打開。

6
以雙手確實按住環根部的左右結目，並依箭頭方向拉動左側的結目。

7

環根部（★）打開了！

8

左手按住結目，以右手拉出★處的線。

9

環的線圈擴大了。將已擴大的線圈掛於左手上，開始編織結目，或逐一解開結目。

〈解開裡結〉

1

依箭頭所示，將梭子的尖角穿入表裡結的頭，直接將線圈擴大。

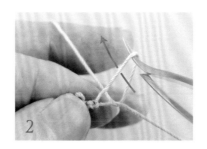

2

維持原狀地將梭子鑽入已擴大的線圈之中。

3

裡結解開了！

〈解開表結〉

1

依箭頭所示，由外側穿入梭子的尖角，直接將線圈擴大。

2

維持原狀地將梭子鑽入已擴大的線圈之中。

3

表結解開了！
（以表結＆裡結編織的表裡結解開1目的模樣。）

製作有接耳的作品時，若遇到編結途中梭子線不足的狀況，可由下一個環開始，更換新織線繼續編織。

※為了更淺顯易懂，在此改以不同色線進行解說。

1

當梭子線長度不足時，可於開始編織下一個環之前，由梭子上拆下線來。

2

新織線

以已纏好新織線的梭子編織下一個環，並於接耳時，相接於前一個環上。

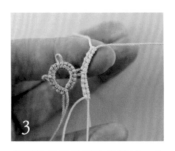

3

繼續往前編織剩餘的結目，並將環的線圈拉緊。

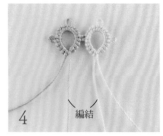

4

編結

將前一個環的休織處線端與新織線的線端進行梭編結。

5

線端最後於背面進行收尾處理。

— POINT —

旗結

在架橋與環，或環與環的交界處，以旗結將新織線進行接合的方法。

① ② ③ ④

約5cm
旗結
新織線
約5cm

於架橋上接續編織環的時候，不需翻轉，直接編織與架橋弧度同一方向的環的方法。
使用2個梭子。

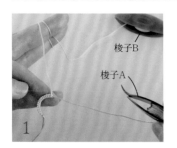

1

梭子B
梭子A

將梭子B的線掛於左手上，並以梭子A編織架橋。

2

梭子A暫時休織且不需翻轉，依環編的要領，將梭子B的線掛於左手上。

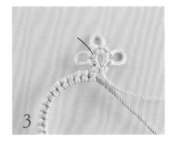

3

以梭子B編織環。

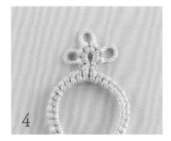

4

再次將梭子B的線掛於左手上，並以梭子A編織架橋。與架橋弧度同方向的環完成！

草莖結（Node Stitch） ※「表結3目·裡結3目」的情況。

1

編織3目表結。

2

繼續編織3目裡結。

3

只要交替重複步驟1·2，結目就會呈Z字形並排。

長耳&梭編蕾絲飾環量規的使用方法

在編織長耳時，長度很難精準統一，但只要使用量規，即可漂亮整齊地完整收束。
手邊若無梭編蕾絲飾環量規時，以將寬度裁剪成與耳高相等的厚紙板來代替也OK。

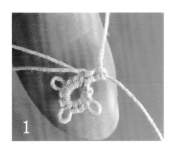

1

編織至長耳的前一個結目。

2

將梭編蕾絲飾環量規拿在左手上&靠在中心線的外側，並按住最後編好的結目。

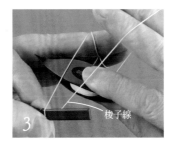

3

編織表結。此時，梭子線必須位於梭編蕾絲飾環量規的外側進行編織。

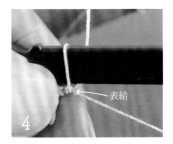

4

將步驟3中編好的表結挪至梭編蕾絲飾環量規的下側。

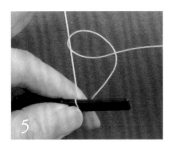

5

依相同方式於梭編蕾絲飾環量規的外側編織裡結，並挪至下側。（表裡結的結目必須於梭編蕾絲飾環量規的外側編織）

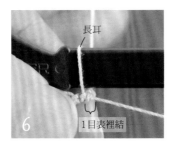

6

於梭編蕾絲飾環量規的下側完成1目表裡結。掛於量規上的線則形成「長耳」。

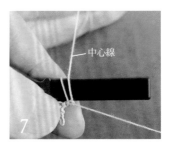

7

於編織下一個「長耳」之前，中心線必須置於梭編蕾絲飾環量規的內側。

8

只要依相同方式重複編織，即可完成高度一致的耳。待完成1個架橋或環之後，即可將量規由耳中輕輕取出。

分裂環（Split Ring）　使用2個梭子，並以各自的梭子編織環的各半邊。
※在此以各7目的情況進行解說。（為了更淺顯易懂，在此使用2種色線。）

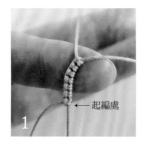
依環編的要領，將梭子A的線掛於左手上，編織7目。

以左手按住起編結目，並將右手放入環的線圈之中。

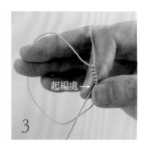
維持原狀地以右手重新按住起編結目。

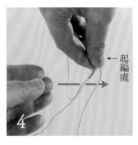
在按住結目的狀態下，將右手上下顛倒，再次將左手放入環的線圈之中，重新掛線。

重新掛線，此時起編結目已移至上方。

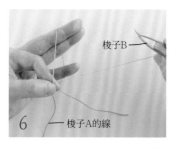
梭子A暫時休織。一邊以左手按住起編結目，一邊添加梭子B的線&一併手持捏合。

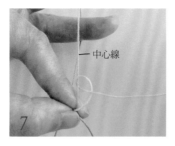
依編織裡結的要領，以梭子B掛線，進行將梭子B的梭子線纏繞於中心線上的「不進行梭結轉移的裡結」。

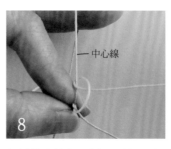
依編織表結的要領，以梭子B掛線，進行將梭子B的梭子線纏繞於中心線上的「不進行梭結轉移的表結」。

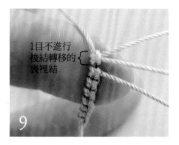
步驟7・8，1目「不進行梭結轉移的表裡結」編織完成。

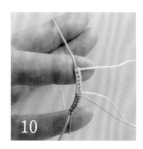
重複步驟7・8，共編織7目。

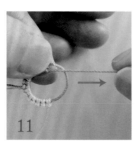
取下掛於左手的線圈，將梭子A的梭子線拉緊之後，製作成環。

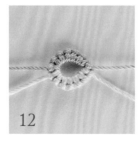
分裂環編織完成！第2個起，亦依步驟1至11的相同方式，由結目的邊緣開始編織。

— POINT —
進行步驟5至10時，左手上線圈大小的調整。

線圈變小時，可拉動上側的梭線，擴大線圈。

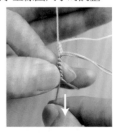
線圈較大時，可藉由拉動連接梭子A的線，縮小線圈。

樂‧鉤織 22

基礎×應用
手作超唯美の
梭編蕾絲花樣飾品

作　　者／BOUTIQUE-SHA
譯　　者／彭小玲
審定老師／楊惠雅
發 行 人／詹慶和
總 編 輯／蔡麗玲
執行編輯／陳姿伶
編　　輯／蔡毓玲‧劉蕙寧‧黃璟安‧李佳穎‧李宛真
封面設計／韓欣恬
美術編輯／陳麗娜‧周盈汝
內頁排版／造極
出 版 者／Elegant-Boutique新手作
發 行 者／悅智文化事業有限公司
郵撥帳號／19452608　戶名：悅智文化事業有限公司
地　　址／220新北市板橋區板新路206號3樓
電　　話／(02)8952-4078
傳　　真／(02)8952-4084
網　　址／www.elegantbooks.com.tw
電子郵件／elegant.books@msa.hinet.net

2018年2月初版一刷　定價 350 元

Lady Boutique Series No.4355
KIGARU NI MUSUBETE KOKORO TOMIMEKU TATTING LACE
© 2017 Boutique-sha, Inc.
All rights reserved.
Original Japanese edition published in Japan by BOUTIQUE-SHA.
Chinese (in complex character) translation rights arranged with
BOUTIQUE-SHA.
through KEIO CULTURAL ENTERPRISE CO., LTD.

經銷／易可數位行銷股份有限公司
地址／新北市新店區寶橋路235巷6弄3號5樓
電話／(02)8911-0825　傳真／(02)8911-0801

國家圖書館出版品預行編目(CIP)資料

基礎×應用：手作超唯美の梭編蕾絲花樣飾品 /
BOUTIQUE-SHA著；彭小玲譯.
-- 初版. -- 新北市：新手作出版：悅智文化發行,
2018.02
　面；　公分. -- (樂.鉤織；22)
ISBN 978-986-95289-8-6(平裝)

1.編織 2.手工藝

426.4　　　　　　　　　　　　　　106022671

Elegantbooks
以閱讀，
享受幸福生活

樂・鉤織 01

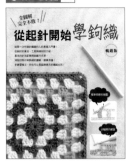

從起針開始學鉤織（暢銷版）
BOUTIQUE-SHA◎授權
定價300元

樂・鉤織 02

親手鉤我的第一件夏紗背心
BOUTIQUE-SHA◎授權
定價280元

樂・鉤織 03

勾勾手，我們一起學蕾絲鉤織
BOUTIQUE-SHA◎授權
定價280元

樂・鉤織 04

變花樣&玩顏色!親手鉤出
好穿搭的鉤織衫&配飾
BOUTIQUE-SHA◎授權
定價280元

樂・鉤織 05

一眼就愛上的蕾絲花片!
111款女孩最愛的
蕾絲鉤織小物集
Sachiyo Fukao◎著
定價280元

樂・鉤織 06

初學鉤針編織的最強聖典
日本Vogue社◎授權
定價350元

樂・鉤織 07

甜美蕾絲鉤織小物集
日本Vogue社◎授權
定價320元

樂・鉤織 08

好好玩の梭編蕾絲小物
（暢銷版）
盛本知子◎著
定價320元

樂・鉤織 09

Fun手鉤!我的第一隻
小可愛動物毛線偶
陳佩瓔◎著
定價320元

樂・鉤織 10

日雜最愛的甜美系繩編小物
日本Vogue社◎授權
定價300元

樂・鉤織 11

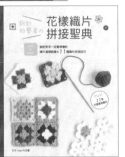

鉤針初學者の
花樣織片拼接聖典
日本Vogue社◎授權
定價350元

樂・鉤織 12

襪!真簡單 我的第一雙
棒針手織襪
MIKA＊YUKA◎著
定價300元

樂・鉤織 13

初學梭編蕾絲の
美麗練習帖
sumie◎著
定價280元

樂・鉤織 14

媽咪輕鬆鉤！0至24個月的
手織娃娃衣&可愛配件
BOUTIQUE-SHA◎授權
定價300元

樂・鉤織 15

小物控愛鉤織！
可愛の繡線花樣編織
寺西惠里子◎著
定價280元

樂・鉤織 16

開始玩花樣！
鉤針編織進階聖典
針法記號118款&花樣編123款
日本Vogue社◎授權
定價350元

樂・鉤織 17

鉤針花樣可愛寶典
日本Vogue社◎著
定價380元

樂・鉤織 18

自然優雅・手織的
麻繩手提袋&肩背包
朝日新聞出版◎授權
定價350元

樂・鉤織 19

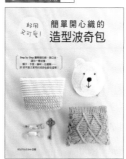

好用又可愛！
簡單開心織的造型波奇包
BOUTIQUE-SHA◎授權
定價350元

樂・鉤織 20

輕盈感花樣織片的純手感鉤織
手織花朵項鍊×斜織披肩×編結
胸針×派對包×針織裙……
Ha-Na◎著
定價320元

樂・鉤織 21

午茶手作・半天完成我的第一
個鉤織包（暢銷版）
鉤針+4球線×33款造型設計提
袋=美好的手作算式
BOUTIQUE-SHA◎授權
定價280元